Gartenpflanzen richtig überwintern

Gehölze, Stauden, Rosen, Teich- und Kübelpflanzen

CHRISTA KLUS-NEUFANGER
BRIGITTE GOSS

blv

Was Sie in diesem Buch finden

Einführung

Das Jahr geht zur Neige – die Reife von Holunder und Rosskastanie verweist darauf. Jetzt dauert es nicht mehr lange, und der Laubfall zeigt das Ende der Vegetationszeit an. Auch im Garten treten die Pflanzen in eine Ruhephase ein. Mutter Natur begleitet sie in den Winter hinein – und auch Sie als Gartenfreund können Ihre Pflanzen schützen und pflegen.

Der Winter kommt!

Irgendwann ist es wieder so weit: Ganz erstaunt entdeckt man die ersten vergilbten Blätter im Garten. »Das Jahr kann doch nicht schon wieder zu Ende gehen«, denken wahrscheinlich auch Sie jedes Mal aufs Neue. Keine Angst, zu diesem Zeitpunkt ist das Jahresende eigentlich noch weit: Die Pracht der Spätsommerstauden beginnt erst ganz allmählich zu verblassen,

Im Herbst kommt die rote Rinde des Sibirischen Hartriegels besonders gut zur Geltung.

Herbstastern und Heidegewächse entfalten noch ihr herbstliches Feuerwerk. Und selbst wenn die meisten Blüten verblüht sind, setzen Früchte wie Hagebutten, Pfaffenhütchen, Physalis, Schlehen, Kastanien und Bucheckern noch farbliche Akzente. Zum Altweibersommer gehören auch die in Rot-, Gelb- und Brauntönen schwelgenden Blätter vieler Bäume und Sträucher. Besonders japanische Ahornsorten begeistern durch lodernde Herbstfarben jeden Gärtner. Prächtig ist dieses Schauspiel am Jahresende: Doch hinter dem Naturspektakel stecken Mechanismen, mit denen die Natur für das Überleben der Pflanzen in der kalten Jahreszeit sorgt. Wer diese versteht und darüber hinaus weiß, womit er seine Pflanzen zusätzlich unterstützen kann, der erfreut sich auch im kommenden Jahr an üppigem Grün.

Warum die Blätter fallen

Die Blattverfärbungen beispielsweise sichern in unseren Breiten das Weiterbestehen der sommergrünen Laubgehölze. Denn der bald darauf folgende Blattfall hilft, dass die Pflanzen den winterlichen Wassermangel besser bewältigen. »Wassermangel? Im Winter?«, werden Sie sich jetzt fragen. Schließlich sind wir in Herbst und Winter doch meist reichlich mit Niederschlägen in Form von Regen und Schnee gesegnet. Doch führen Sie sich den Wasserhaushalt einer großen Buche oder Birke vor Augen: 400 Liter Wasser verdunstet so ein Baum täglich über die Blätter. Wasser, das er über seine Wurzeln auf-

saugen muss. Gefriert im Winter der Boden, so bleibt auch der Wassernachschub aus. Würden sich die Pflanzen nicht ihrer Blätter entledigen, trockneten sie langsam aber sicher aus.
Der Blattfall ist ein Vorgang, der durch die kürzer werdenden Tage und die sinkende Temperatur eingeleitet wird. Phytohormone steuern ihn. Zwischen Blattstiel und Zweigansatz bildet sich allmählich ein Trenngewebe, dessen Zellen sich durch Verschleimen voneinander lösen, sodass das Blatt schließlich aufgrund seines Eigengewichts auf die Erde schwebt. Die entstehende kleine Wunde verschließt die Pflanze mit Kork; auf diese Weise schützt sie sich vor Wasserverlust sowie tierischen oder pflanzlichen Schädlingen.
Ein Gehölz bereitet sich aber auch damit auf den Winter vor, dass Nährelemente vor dem Herunterfallen aus den Blättern in die Wurzel zurückgeführt werden. Dort ruhen sie unterirdisch, vor Kälte geschützt, um dann im nächsten Frühjahr der Pflanze als »Starter« zu dienen. Vor allem das stickstoffhaltige Chlorophyll, aber auch Zucker, Aminosäuren und andere Substanzen werden in die Speicherorgane überführt, zurück in den welken Blättern bleiben vor allem rote und gelbe Farbstoffe, die Carotinoide und die Anthocyane, die für die Pflanze ernährungsphysiologisch keine Funktion haben.
Sie sehen: Die Natur hat vorgesorgt. Doch zusätzlich können auch Sie noch aktiv werden, um Ihren Gehölzen über den Winter zu helfen (Seite 16). Besonders frisch gepflanzte Arten sind dankbar dafür. Außerdem heißt es wachsam sein: Manche Schädlinge sind gerade im Winter aktiv und sollten jetzt bekämpft oder wenigstens in ihre Schranken verwiesen werden (Seite 31 und 52).

Die Strategie der Nadelbäume

Eine andere »Winterstrategie« verfolgen die Nadelbäume: Sie haben von Natur aus kleinere und schmalere »Blätter« (eben die dünnen Nadeln), bei denen kleine Poren die Verdunstungsrate des Wassers einschränken. Außerdem sind sie durch eine Wachsschicht vor übermäßigen Wasserabgaben geschützt – diese Taktik verfolgen übrigens auch immergrüne Laubgehölze wie Ilex und Kirschlorbeer. Das heißt aber nicht, dass Nadelgehölze die kalte Jahreszeit schadlos überstehen. Ein sonniger Winter kann auch für sie zum Problem werden: Bei gefrorenem Boden drohen sie trotz Verdunstungsschutz zu vertrocknen – was Sie durch Wässern zum richtigen Zeitpunkt verhindern können (Seite 23)!

Überleben im Untergrund

Nicht alle Pflanzen erleben den Winter an der Erdoberfläche. Stauden, zu denen auch Gräser und Zwiebelpflanzen gehören, speichern die in der Vegetationszeit gesammelte Energie in unterirdischen Speicherorganen wie Zwiebeln oder Knollen, während alle oberirdischen Pflanzenteile absterben. Eine Garantie zum Überleben ist das allerdings nicht. Allen unter der Erde überwinternden Pflanzen macht meist ein nasser Boden zu schaffen, der sie verfaulen lässt. Aber da können Sie Abhilfe schaffen (Seite 35). Neben der Nässe kämpfen die immergrünen Stauden zuweilen – ebenso wie die immergrünen Gehölze – mit der Frosttrocknis (Seite 35). Und die Rasengräser sind im Winter besonders trittempfindlich. Mit wenigen gezielten Maßnahmen können Sie sich aber auch im nächsten Jahr wieder an Ihrem grünen Teppich im Garten erfreuen (Seite 62 f.). Nicht vergessen sollten Sie auch die Gräser und Stauden rund um den Gartenteich. Bei ihm sollten Sie besonders früh mit der Vorbereitung auf den Winter beginnen, damit in das Wasser nicht zu viele Nährstoffe eingetragen werden (Seite 64).

Sie leben nur einen Sommer lang

Schließlich gibt es noch Pflanzen, die vor dem Winter Samen ausbilden und dann absterben (Einjährige) oder als relativ robuste Jungpflanzen überwintern (Zweijährige). Samen sind sehr kompakt, klein und enthalten zahlreiche Fette, die nicht so schnell gefrieren: Ideale Voraussetzungen, um ohne einzufrieren den Winter zu überdauern.
Eine Keimhemmung sorgt außerdem bei vielen einheimischen Pflanzen dafür, dass die Samen nicht schon im Herbst keimen. Die zarten Keimlinge würden die folgende Kälteperiode nicht überdauern. Besser ist es, wenn sie erst im nächsten Frühjahr keimen. Wollen Sie solche Kaltkeimerarten heranziehen, so müssen Sie die Samen aber auf ganz bestimmte Weise behandeln, damit sich Jungpflanzen aus ihnen entwickeln (Seite 52).

Die Hohe Fetthenne blüht erst spät, die Blüten harmonieren wunderbar mit dem Herbstlaub.

Vom ersten Frost kalt erwischt: Die letzten Rosenblüten fallen oft dem Schnee zum Opfer.

Winter ist nicht gleich Winter

Wie Sie sehen, gibt es zahlreiche Mechanismen, die einer Pflanze im Winter das Überleben sichern. Und die Natur hat durchaus noch mehr Tricks auf Lager (siehe Seite 13)! Trotzdem kommt es bestimmt auch in Ihrem Garten immer wieder zu ganz oder teilweise erfrorenen oder abgestorbenen Pflanzen und Trieben. Wie kann das passieren?

Generell kann man sagen: In unseren Regionen überstehen heimische Gehölze den Winter meist mehr oder weniger schadlos bzw. sie regenerieren sich nach Frostschäden relativ rasch. Allerdings gibt es daneben noch zahlreiche Zuchtformen oder Pflanzen, die aus fremden Vegetationszonen und Klimabereichen kommen und bei uns heimisch geworden sind. Sie haben andere Ansprüche als ihre meist relativ robusten Ahnen. Außerdem: Auch in Mitteleuropa oder auch nur im deutschsprachigen Raum gibt es große klimatische Unterschiede, und damit fällt auch der Winter in jeder Region sehr unterschiedlich aus. Vor allem drei Faktoren sind es, die auf den Winterverlauf Einfluss nehmen:

- Je weiter Ihr Garten vom Äquator entfernt ist, umso ausgeprägter die Winterphänomene.
- Je weiter Sie vom Meer entfernt wohnen, mit umso größeren Temperaturextremen müssen Sie rechnen: Große Kontinentalflächen sorgen für größere Temperaturextreme, Meere mildern sie ab, da sich über den großen Wasserflächen die Luft langsamer abkühlt als über Land. Bezogen auf unsere mitteleuropäische Lage lässt sich sagen: Von Nordwesten nach Südosten nimmt der mäßigende, ausgleichende Einfluss des Meeres ab.
- Mit zunehmender Höhe über dem Meeresspiegel nehmen Dauer und Intensität der kalten Jahreszeit zu. Gerade im Gebirge kann das dazu führen, dass ab einer bestimmten Höhe – im bayerischen Alpenraum beispielsweise ab 2000 Meter – Bäume nicht mehr wachsen können.

Winterhärtezonen – was ist das?

Um darüber entscheiden zu können, ob eine Pflanze mit dem Klima im eigenen Garten zurechtkommt, kann man schon beim Kauf die sogenannten Winterhärtezonen zu Rate ziehen. Sie geben an, in welcher Zone für eine Pflanze eine Überlebenswahrscheinlichkeit von 80 Prozent besteht. Die Abgrenzung der unterschiedlichen Zonen beruht auf den langjährigen Mittelwerten der auftretenden Tiefsttemperaturen. Elf Winterhärtezonen sind für Europa von Nordrussland bis zu den Azoren ausgeschieden, in Mitteleuropa kommen nur die Zonen 5 bis 8 vor. Mit steigender Zahl gestaltet sich auch der Winter in der entsprechenden Zone milder.

Um die zum Teil auf kleinem Raum recht unterschiedlichen Klimate zu berücksichtigen, sind diese Bereiche noch zusätzlich in je 2 Halbzonen unterteilt.

Inzwischen enthalten viele Baumschul- und Staudenkataloge Hinweise, welcher Winterhärtezone eine bestimmte Pflanze zugerechnet wird. Diese Angabe ist besonders bei langlebigen Pflanzen eine gute Entscheidungshilfe beim

Toskanische Verhältnisse in Mitteleuropa?

»Wenn ich wüsste, dass morgen die Welt untergeht, würde ich heute noch einen Apfelbaum pflanzen.« Dieser Satz ist mittlerweile mehr als 500 Jahre alt, er stammt von Martin Luther. Nun, untergehen wird die Erde in absehbarer Zeit nicht, aber sie wird viel wärmer werden. Und diese Entwicklung wird viele Organismen in den verschiedensten Regionen der Erde nachhaltig beeinflussen. Wäre es da vielleicht besser, einen Olivenbaum, einen Granatapfelbaum oder sogar eine Palme zu pflanzen? Fakt ist: Innerhalb des 20. Jahrhunderts hat sich das Klima um rund 0,6 °C erwärmt, Forscher prognostizieren einen Anstieg der Temperaturen in den nächsten 40 Jahren von mindestens 2 °C. Das klingt nach wenig, kann aber drastische Auswirkungen haben. 1998 war der heißeste Sommer seit Beginn der Wetteraufzeichnungen. Vor allem mit dem Ausstoß an Kohlendioxid sowie von Methan und Stickoxiden wird dieser Temperaturanstieg in Verbindung gebracht. Die Meteorologen sind der Meinung, dass sich die klimatischen Zonen in Richtung der Pole verlagern werden: Für den mitteleuropäischen Raum sind also Verhältnisse wie jetzt in Nord- oder Mittelitalien zu erwarten. »Gute Aussichten«, werden Sie jetzt vielleicht sagen. »Toskanische Verhältnisse – was will man mehr?«

So wird das Klima bei uns aussehen

Machen Sie sich keine Illusionen! Ganz so idyllisch – frei nach der Devise »Das Land, wo die

Zitronen blüh'n, direkt vor der Haustür« – wird es nicht werden. Denn:

- Der Klimawandel wird Mitteleuropa mit großer Wahrscheinlichkeit auch unregelmäßig auftretende starke Niederschläge und – damit verbunden – Hochwasser bringen. Gerade im Winter wird verstärkt Niederschlag in Form von Regen fallen.
- Die Winter werden zwar im Durchschnitt milder, aber es kommt immer noch zu schneereichen und lang anhaltenden frostigen Witterungsperioden. Man denke nur an den harten Winter des Jahres 2010. Nach sehr milden Wintern kann es bereits sehr früh im Jahr zu Blüte und Blattentfaltung kommen – Gefahr der Spätfröste inbegriffen.
- In den Sommermonaten wird die Anzahl der heißen Tage um bis zu 20 Prozent steigen. Die Niederschläge werden in der warmen Jahreszeit zurückgehen. Wenn es regnet, dann aber gleich »richtig« in Form von Starkniederschlägen. Trockenstress und vermehrter Insektenbefall sind die Folge für Bäume und Sträucher.

Vorsorge treffen

Welche Empfehlungen kann man als Gartenbesitzer aus diesem Szenario für sich ableiten?

- Winterschutz in Form von Mulch oder Reisigauflagen wird auch in Zukunft notwendig sein, die Kübelpflanzen brauchen weiterhin ein Überwinterungsquartier. Gerade die Wahrscheinlichkeit von Spätfrost und den damit verbundenen Schädigungen von Bäumen und Sträuchern ist sehr hoch. Kälteschutz ist vor allem bei wechselhaften Witterungen notwendig, wenn nach einer wärmeren Wetterphase noch mal ein stärkerer Kälteeinbruch im Spätwinter folgt. So kann der Spätfrost vor allem einem vorzeitigen Austrieb schaden.
- Winternässe wird den Pflanzen noch mehr zusetzen als bisher. Bei Stauden ist eine gute Wurzeldränage gefragt, denn die meisten brauchen einen durchlässigen Boden, damit sie nicht wurzelfaul und von Pilzen befallen werden. Besonders auch bei Gräsern, die auf Staunässe empfindlich reagieren, sind Kies oder Sand im Untergrund erforderlich.
- Bei den Bäumen gehören Tief- und Herzwurzlern die Zukunft. Sie verankern die Pflanzen fest im Boden, sodass sie etwaigen Winterstürmen gut trotzen können. Gerade an sehr trockenen Standorten wird sich der Trend zu Bäumen mit kleineren Kronen oder geschnittenen Formen fortsetzen. Solche Gehölze brauchen einfach weniger Wasser. Bewährt im trockenen Stadtklima etwa haben sich in der Vergangenheit Ginkgo *(Ginkgo biloba)*, Gleditschie *(Gleditsia)* und Götterbaum (*Ailanthus*), Judasbaum *(Cercis)* und Schnurbaum *(Sophora)*. Allerdings zeigen die verschiedenen Sorten unterschiedliche Widerstandsfähigkeiten gegen Krankheitserreger und Schädlinge, die ihrem Wirt aus der angestammten Heimat teilweise »nachfolgen«.

Empfehlenswert ist auf jeden Fall die Verwendung von Pflanzen, die im jeweiligen Klimaraum angezogen wurden – aus der Region für die Region sozusagen. Dann ist sichergestellt, dass die Pflanzen nicht verwöhnt sind und auch für kältere Klimaregionen abgehärtet wurden.

Kauf: Wer möchte schon einen lieb gewordenen Hausbaum in einem besonders frostigen Winter verlieren oder sich über das »hinausgeworfene Geld« für einen teuren, aber dennoch erfrorenen Strauch ärgern?

Der Einfluss des Kleinklimas

Neben global und regional wirkenden Faktoren nimmt auch das Kleinklima Einfluss auf die Gartenstandorte: Ein windgeschützter Standort am Haus, womöglich inmitten einer Großstadt, ein nach Süden geneigter Hang oder eine windberuhigte Zone hinter einer Hecke sorgen für ein milderes Lokalklima. In Mulden oder Talkesseln mit Kaltluftseen, einem nach Norden exponierten Hang oder auf einer Freifläche, über die der Wind peitscht und pfeift, werden sich Pflanzen schon schwerer tun.

Formschnittgehölze und immergrüne Laubgehölze leiden besonders unter der Schneelast – bitte abschütteln!

Schnee – natürlicher Winterschutz

Schnee wirkt auf Boden und Pflanzen wie eine isolierende Decke. Vor allem lockerer Neuschnee, der viel Luft enthält, schützt Boden und Pflanzen hervorragend vor tiefen Temperaturen und Auskühlung. Unter einer 10 cm dicken, frisch gefallenen Schneedecke kann auch bei Eiseskälte eine Bodentemperatur von knapp unter dem Gefrierpunkt herrschen (siehe alpine Steingartenstauden Seite 35).

Schon nach drei Tagen wird der Neuschnee allerdings zum Altschnee, der ein viel höheres Gewicht hat. Wiegt eine 3 cm dicke Neuschneeschicht noch etwa 1 Kilogramm pro m^2, so kann eine nasse Altschneedecke gleicher Stärke das Zehnfache an Gewicht aufweisen. Vor allem wintergrüne Pflanzen biegen sich jetzt unter der Last. Schütteln Sie sie lieber ab, ehe die Zweige brechen!

Schnee wirkt daneben auch isolierend: Vor allem nachts kühlt der Boden ohne schützende Schneedecke stark aus, und der Boden gefriert bis in tiefere Schichten.

Karte rechts: Die verschiedenen Winterhärtezonen Mitteleuropas. Welche Gehölzsorten in Ihrer Region problemlos draußen überwintern können, sehen Sie auf Seite 16.

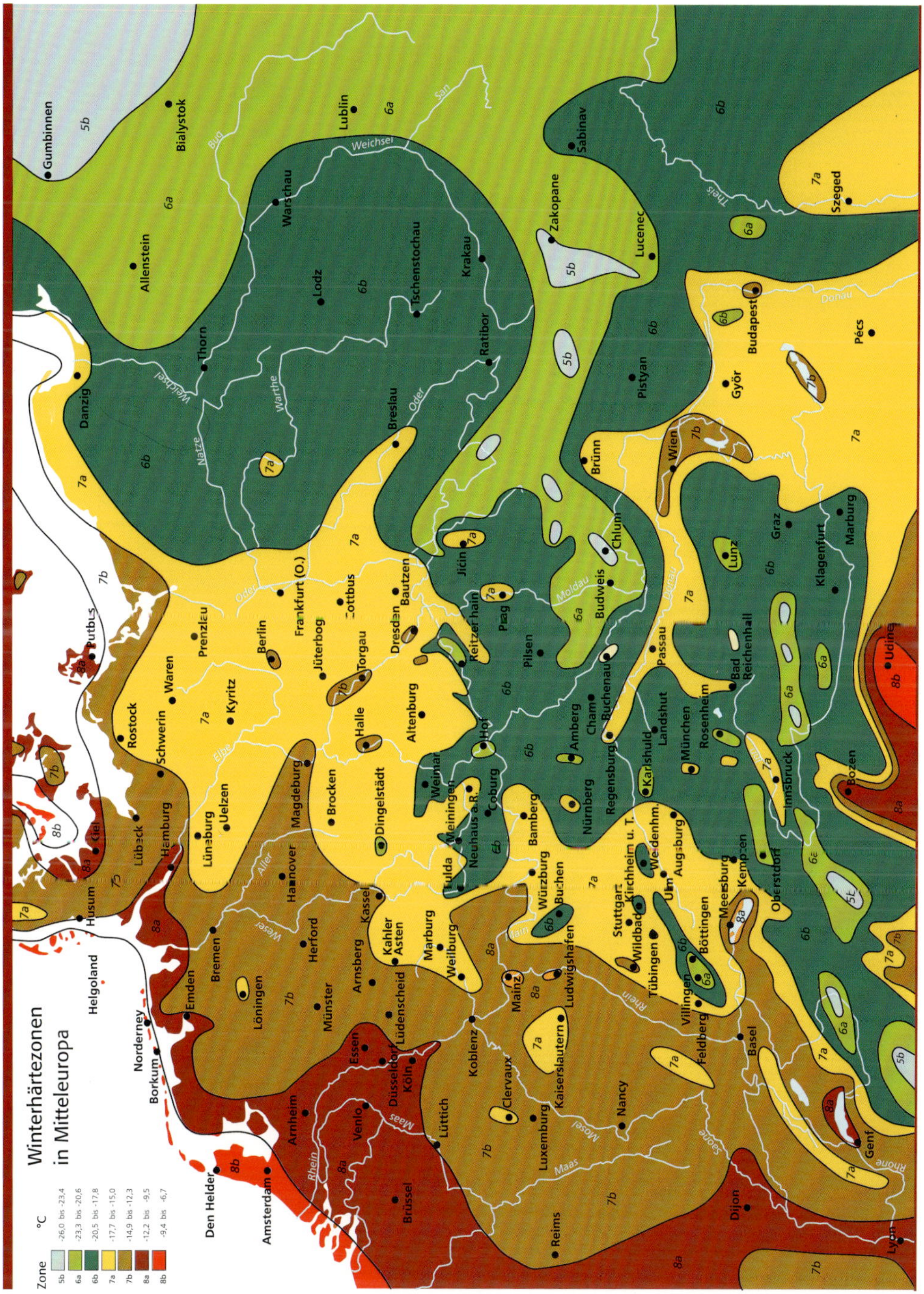
Winterhärtezonen in Mitteleuropa
Zone °C
5b -26,0 bis -23,4
6a -23,3 bis -20,6
6b -20,5 bis -17,8
7a -17,7 bis -15,0
7b -14,9 bis -12,3
8a -12,2 bis -9,5
8b -9,4 bis -6,7

Gehölze für die verschiedenen Winterhärtezonen

Zone	Tiefsttemperatur	Region	Gerade noch winterhart
5b	−26,0 bis −23,4 °C	Kälteinseln im Hochgebirge oder Kaltluftseen	Silber-Ahorn *(Acer saccharinum)* Ginkgo *(Ginkgo biloba)*
6a	−23,3 bis −20,6 °C	Teile der Schwäbischen Alb, des Hochschwarzwalds, des Bayerischen Walds und des Alpenraums	Stern-Magnolie *(Magnolia stellata)*
6b	−20,5 bis −17,8 °C	Süd- und mitteldeutsche Mittelgebirge, Oberbayern	Fächer-Ahorn *(Acer palmatum)* Blumen-Hartriegel *(Cornus florida)*
7a	−17,7 bis −15,0 °C	Kontinentaler Bereich der östlichen Bundesländer, längs der Donau	Lorbeerkirsche *(Prunus laurocerasus)* Mahonie *(Mahonia bealii)*
7b	−14,9 bis −12,3 °C	Norddeutsches Flachland, deutsche Ostseeküste	Blauglockenbaum *(Paulownia tomentosa)*
8a	−12,2 bis −9,5 °C	Norddeutsche Ostseeküste, Rheingraben, südlicher Bodensee	Akube *(Aucuba japonica)*
8b	−9,4 bis −6,7 °C	Geschützte Lagen in Weinanbaugebieten	Granatapfel *(Punica granatum)* Kamelie *(Camellia japonica)*

Nicht jede Gehölzsorte hält einem schneereichen Winter und langen Frostperioden stand. Wählen Sie deshalb eine Sorte, die für Ihre Klimaregion geeignet ist.

Wie Sie Ihre Pflanzen schützen können

Einheimische Pflanzen, ebenso wie aus (sub-)-tropischen oder mediterranen Regionen stammende »Exoten« haben ganz unterschiedliche Ansprüche bei ihrer Überwinterung. Manche Kübelpflanzen überstehen klaglos Temperaturen bis –5 °C oder sogar –10 °C und brauchen sogar zwingend etwas Kälte, um einen Blühreflex auszulösen. Andere sind schon bei Temperaturen unter 0 °C verloren. Relativ wenige Probleme bezüglich des Winterquartiers machen laubabwerfende Gewächse wie Feige, Granatapfel, Geranie oder Fuchsie. Etwas schwieriger wird es bei den Immergrünen, die im Winter keine so ausgeprägte Vegetationsruhe durchleben.
Verschiedene mögliche Winterquartiere stellen wir Ihnen ab Seite 74 vor. Dabei gehen wir auch auf Neuentwicklungen der letzten Jahre ein, wie z. B. auf aufblasbare Gewächshäuser (siehe Foto) oder Wurzel- und Stammheizungen. Diese kreativen Ideen sorgen dafür, dass nicht winterharte Pflanzen, die bisher nur innerhalb der Vegetationszeit als Schmuck im Kübel wuchsen, auch im Winter an ihrem Platz bleiben können.

Was sonst noch zu tun ist

Neben den Pflanzen gibt es noch viele andere Dinge im Garten, denen Sie in der kalten Jahreszeit etwas Aufmerksamkeit widmen sollten. Den Fischen und Amphibien im Teich beispielsweise oder den anderen tierischen Gartenbewohnern. Vögel und Nutzinsekten halten während der Vegetationszeit die Schädlinge im Garten im Schach – in der kalten Jahreszeit können Sie sich für deren Einsatz revanchieren (Seite 68 ff.). Auch Gartengeräte wie Spaten oder Grabegabel, Teichpumpe und Blumentöpfe sind in guter Qualität nicht billig in der Anschaffung. Mit wenigen Handgriffen können Sie sicherstellen, dass sie im nächsten Jahr funktionstüchtig aus dem Winterquartier kommen. Auf diese Weise bleibt Ihnen mehr Geld für neue Pflanzen oder einen neuen bequemen Liegestuhl. Denn nachdem Sie Ihren Garten gut über den Winter gebracht haben, bleibt Ihnen mehr Zeit, Ihre grünen vier Wände zu genießen!

Kein Winterquartier für die Kübelpflanzen? Dann ist ein mobiles Gewächshaus eine Option!

Pflanzen, die draußen bleiben

Die Tage werden kürzer, die Temperaturen sinken. Während wir uns wärmer anziehen und unsere Wohnungen heizen, bereiten sich auch die fest im Garten verwurzelten Pflanzen auf die kalte Jahreszeit vor. Mit individuell ganz unterschiedlichen Mechanismen trotzen sie Nässe und Frost. Wir können sie durch zahlreiche Maßnahmen dabei unterstützen, den Winter gut zu überstehen.

Bäume und Sträucher

Weglaufen gibt's nicht! Aus diesem Grund müssen verholzte Pflanzen, die das ganze Jahr über im Garten wachsen, sich etwas einfallen lassen, um den Winter zu überstehen, und schützen sich mit ausgeklügelten Strategien.

Viele Bäume und Sträucher machen eine Art Winterschlaf. Sie werfen ihre Blätter ab und vermeiden so, dass das Wasser in den Pflanzenzellen gefriert. Gefährlich kann solchen Arten nur Schnee werden, der bereits früh im Herbst fällt, wenn noch Blätter an den Ästen hängen. Dann besteht die Gefahr von Schneebruch. Oder sie werden im Frühjahr »kalt erwischt« und ihr besonders empfindlicher Austrieb erfriert. Dass das ganze Gehölz deswegen eingeht, kommt aber selten vor. Meistens müssen nach dem Austrieb nur die erfrorenen Äste herausgeschnitten werden.

Nadelbäume haben auf ihren Nadeln eine feste Oberhaut sowie eine Wachsschicht. Diese

Bis weit in den Januar hinein schmücken die flachkugeligen, leuchtend roten Früchte des Zierapfels 'Evereste' den Garten – auch die Vögel haben ihre Freude daran.

Schicht verhindert im Winter, dass zu viel Wasser über die Spaltöffnungen austritt und die Pflanze vertrocknet, weil bei gefrorenem Boden nicht genug Wasser von den Wurzeln angesaugt werden kann.

Eine dicke Borke schützt vor Temperaturgegensätzen: So verhindert die Natur, dass es zu Spannungsrissen im Stamm kommt, wenn die Sonne an frostigen Tagen nur die eine Stammseite erwärmt und sich das Rindengewebe ausdehnt. Oft haben Jungpflanzen noch eine dünne Rinde. Bei ihnen und allen anderen von Natur aus »dünnhäutigen« Arten braucht der Stamm deshalb im Winter besonderen Schutz (Seite 24).

Selbstschutz der Gehölze

Einige Pflanzen beginnen im Herbst, wenn die Nächte kühler werden, zuckerähnliche Stoffe im Zellinneren zu lagern. Zucker wirkt wie Glyzerin als Frostschutzmittel. Der Gefrierpunkt sinkt. Auf diese Weise dauert es länger, bis das Wasser in der Zelle gefriert.

Gefrorenes Wasser in den Zellen könnte sie nämlich zum Platzen bringen und so zerstören. Allerdings ist das genetische Programm so angelegt, dass die Zuckereinlagerung erst zu »laufen« beginnt, wenn der Temperaturrückgang allmählich erfolgt. Auch die Zellwände müssen durch die sinkenden Temperaturen mehr aushalten. Damit sie Frösten länger standhalten, werden die Zellwände durch Kalium verstärkt. Akklimatisierung nennt man diese Vorgänge. Einen plötzlichen Kälteeinbruch in Form von Früh- oder Spätfrost können auch genetisch an Frost angepasste Pflanzen nicht überleben. Dies erklärt auch, dass ein und dieselbe Pflanze – abhängig von der Übergangswitterung im Herbst zum Winter – einmal –20 °C unbeschadet übersteht, ein anderes Mal bei –10 °C schwere Frostschäden davonträgt.

Einflussfaktoren auf die Winterhärte

Die Winterhärte der Gehölze ist noch von weiteren Faktoren abhängig. Einige Punkte sind auf den Seiten 11 ff. angesprochen.

Die Herkunft macht's

Pflanzen, die in höheren oder raueren Lagen gezogen wurden, haben eine größere Wahrscheinlichkeit, den Winter zu überleben – besonders wenn Ihr Garten in einer klimatisch etwas weniger begünstigten Region liegt. Kaufen Sie deshalb bevorzugt Pflanzen bei Baumschulen oder Gartenbaubetrieben, die ihre Ware »vor Ort« herangezogen haben. Diese Gehölze sind dann schon an das regionale Klima an ihrem zukünftigen Standort angepasst. Stammen die Lieferungen dagegen aus dem milden Küstenklima Hollands oder Norddeutschlands oder gar aus den Baumschulen Italiens, so besteht etwa im Voralpengebiet auf jeden Fall erhöhte Ausfallgefahr!

Man kann oft beobachten, dass Gehölze, die als wärmeliebend gelten, in kühleren Regionen besser aufgehoben sind als zum Beispiel im Weinbauklima. Dies gilt beispielsweise für Gehölze, die früh austreiben, wie der Sommerflieder *(Buddleja)* und einige frühblühende Gehölze wie Magnolien. Sie werden in kühlen Regionen im Frühjahr gebremst. In wärmeren

Gefilden können einige milde Tage im Spätwinter die Blüten und Blätter schon vorzeitig hervorlocken. Sie werden dann aber häufiger Opfer von Spätfrösten als ihre Artgenossen in kühleren Regionen, die einige Tage oder Wochen später blühen.

Im richtigen Boden

Ein Baum oder ein Strauch kann sich nur optimal entwickeln, wenn der Standort seinen Bedürfnissen entspricht. Wichtig ist beispielsweise die Zusammensetzung des Bodens: »Passt« die nicht, so ist eine kümmerliche Entwicklung der Pflanzen vorprogrammiert. Aber schließlich kann man den Boden durch viele Maßnahmen verbessern (Seite 60).

Am richtigen Standort

Das regionale Klima an Ihrem Wohnort können Sie nicht beeinflussen. Aber selbst in einem kleinen Garten gibt es viele unterschiedliche Kleinklimate und damit potenzielle Standorte für Gehölze: Immergrüne Laubgehölze wie Rhododendron werden beispielsweise an einem Platz, wo sie kalten und austrocknenden Winden ausgesetzt sind, nicht glücklich werden.

Kein später Rückschnitt

Bäume und Sträucher kurz vor dem Winter nicht zurückschneiden. Besonders bei japanischen Ahornarten können Pilze über die Schnittstellen in die Pflanzen gelangen. Deshalb: Erst wieder nach dem Austrieb schneiden!

An einem halbschattigen Platz oder geschützt durch eine immergrüne Hecke können sie austrocknenden Winden und der Wintersonne eher standhalten. Eine Pflanze, die volles Licht benötigt, wird im Halbschatten kümmern. Aber man kann sie ja einfach umpflanzen.
Ist der Standort trotzdem – gerade im Winter – nicht ideal? Dann besteht immer noch die Möglichkeit, freistehenden Pflanzen mit einem besonderen Schutz – und sei es in Form eines Tuchs – zu helfen.

Das Alter härtet ab

Viele Gehölze erreichen ihre artenspezifische Winterhärte erst, wenn sie erwachsen sind. In der Jugend, und besonders kurz nach der Pflanzung, sind sie noch empfindlicher und müssen geschützt werden. Gehölze, wie Judasbaum *(Cercis)*, Esskastanie *(Castanea sativa)* und Kaki *(Diospyros kaki)*, sind besonders als Jungbäume durch Frost gefährdet. Im Alter wird die Rinde dicker, das Gehölz robuster. Lassen Sie solche Gehölze deshalb die ersten 2 bis 3 Jahre im Topf und stellen Sie die Kübel im Winter frostfrei. Die kräftigen, reiferen Gehölze pflanzen Sie dann im Frühjahr an den gewünschten Platz.

Der richtige Pflanzzeitpunkt

Je später die Gehölze im Jahresverlauf blühen, desto weniger sind sie im Herbst auf die winterliche Ruhesaison eingestellt. Sie stehen noch kräftig im Saft und sind somit noch mehr durch Frost gefährdet als andere Gehölze. Da im Herbst gepflanzte Sommerblüher noch kein in tiefere Bodenschichten reichendes Wurzelwerk gebildet haben, friert der Ballen schnell durch und die Pflanzen vertrocknen. Bartblume, Som-

Ein im Herbst gepflanzter Baum sollte gut verpflockt sein, damit die Feinwurzeln durch das Hin- und Herschwanken im Wind nicht ständig abreißen.

merflieder, Hortensien und Hibiskus sollten Sie deshalb bevorzugt im Frühjahr pflanzen.

Nicht verwöhnen!

Während der Vegetationszeit benötigt jede Pflanze Wasser. Wie viel, ist jeweils von der Pflanzenart abhängig. Wenn Sie Ihre Pflanzen immer optimal mit Wasser versorgen, so bilden sie nur ein kleines Wurzelwerk aus. Im Winter kann es besonders dann zu Problemen kommen, wenn die Wurzeln nicht genügend weit in den Untergrund, ins nicht gefrorene Erdreich und damit zum noch verfügbaren Wasser reichen. Weniger ist deshalb bei der Wasserversorgung während der Vegetationszeit oft mehr! Andererseits werden Sie manche Pflanzen auch im Winter gießen müssen (Seite 25).

Was für die Wasserversorgung gilt, gilt im Übrigen auch für die Düngung. Stickstoff überversorgte Pflanzen wachsen und wachsen – obwohl der nahende Herbst eigentlich bereits signalisiert, dass eine Ruhephase notwendig wäre. Mit weichen, noch nicht ausgereiften Trieben treten sie dann in die kalte Jahreszeit. Aus diesem Grund sollten Sie mehrjährige Pflanzen grundsätzlich ab August nicht mehr düngen.

Aktiver Winterschutz

Ist trotz optimaler Standortsbedingungen noch Winterschutz nötig, weil bestimmte Gehölze in Ihrer Region genetisch bedingt eben nicht zuverlässig winterhart sind oder weil Sie sie erst vor kurzem gepflanzt haben? Dann müssen Sie etwas unternehmen!

Warm einpacken

Bei Pflanzen, die leicht kalte Füße bekommen, wie Kamelien, Mittelmeer-Schneeball oder Kupfer-Glanzmispel *(Photinia × fraseri)* können Sie eine 20 cm dicke Mulchschicht aus Laub im Wurzelbereich ausbringen. Auf diese Weise stellen Sie sicher, dass der Boden besonders in Perioden ohne eine isolierende Schneeschicht nicht zufriert.

Die oberirdischen Triebe können Sie zusätzlich mit Nadelholzreisig abdecken oder schattieren. Besonderen Schutz braucht immer die Veredlungsstelle! Friert ein Gehölz im Winter zurück, so sollten Sie es nicht gleich roden, auch wenn es abgestorben zu sein scheint. Oft treibt es im Spätfrühling noch einmal aus und gelangt dann innerhalb weniger Jahre wieder zu alter Pracht. Ritzen Sie einfach die Rinde mit dem Nagel an: Ist das Gewebe darunter grün, so ist die Pflanze noch nicht abgestorben. Bruchempfindliche und ausladende Sträucher wie Spiräen sollten Sie mit einem Seil zusammenbinden.

Junge Bäume mit dünner Rinde werden oft durch Frostrisse geschädigt. Deshalb besser mit einem Vlies vorsorgen!

Schnee herunterschütteln

Malerisch sieht das aus, wenn sich die Nadelbäume unter der Schneelast biegen. Oft knicken allerdings auch größere Äste ab, die Oberkante von Hecken oder Buchs-Formgehölzen wird auseinandergedrückt. Ehemals wunderschöne Kugeln sehen dann sehr hässlich aus und brauchen Jahre, um wieder »in Form« zu kommen. Binden Sie deshalb Säulenformen rechtzeitig im Herbst mit einem Jutestrick zusammen. Auch Spanngurte eignen sich für diesen Zweck.

- Geben Sie Ihren Hecken einen Trapezschnitt, so kann der Schnee seitlich abgleiten.
- Gehen Sie nach dem Schneefall durch den Garten und schütteln Sie die Last von den Nadelbäumen. Oder lassen Sie das Ihre Kinder machen – die haben einen Riesenspaß daran.

- Nassschnee kann Japanische Ahornarten, Rhododendron, Immergrünen Schneeball, Zedern und andere ruinieren. Hier kann man eine Methode kopieren, die bei japanischen Gärtnern üblich ist: Hölzerne Pfosten oder Stäbe werden wie ein Tipigerüst in und um den Wurzelbereich gesteckt. Die Anzahl – mindestens 3 Stück – richtet sich nach der Dichte des Astwerks. Dieses Gerüst wird am Kreuzungspunkt mit Strick oder Draht verbunden. Befestigen Sie die Äste und Zweige daran mit Naturbast oder Kokosgarn.

Ausreichend wässern

Sommergrüne Laubgehölze vermindern ihren Wasserbedarf im Winter drastisch, indem sie ihr Laub abwerfen. Bei immergrünen Laub- und Nadelgehölzen ist der Wasserbedarf im Winter höher als bei ihnen. Damit im Verlauf des Winters bei diesen Pflanzen keine Schäden durch Vertrocknen auftreten, sollten Sie im Herbst, etwa Mitte Oktober, gründlich wässern. Das ist besonders nach Jahren mit geringen Herbstniederschlägen notwendig. Pro Quadratmeter Pflanzfläche sind ca. 30 bis 40 Liter Wasser erforderlich, um den Wurzelballen durchdringend zu versorgen. Notwendig ist dies vor allem, wenn sich die Pflanzen an der Ostseite eines Gebäudes und damit im Regenschatten befinden.

Verdursten vermeiden

Trotz ausreichend viel Wasser im Boden kann es für die Pflanzen zu Wasserengpässen kommen, wenn an sonnig-frostigen Wintertagen der Boden gefroren ist und die Blätter dennoch verdunsten. Dies gilt besonders für Laubgehölze, deren Blätter nicht wie die Nadelgehölze einen

Diese Gehölze brauchen Winterschutz

Immergrüne	Sommergrüne
Echte Zypresse	Abelie
Himmelsbambus	Ballhortensien
Ilex	Bartblume
Kalmien	Blauraute
Kamelien	Blutjohanniskraut
Kupfer-Glanzmispel *(Photinia × fraseri)*	Buschklee
Lavendelheide *(Pieris)*	Hibiskus
Rhododendron	Indigostrauch
Schneeball-Arten	Schönfrucht
Zedern	Sommerflieder

Immergrüne verdunsten an sonnigen Wintertagen viel Wasser. Da hilft nur rechtzeitiges Gießen.

Bei Bedarf im Winter wässern!

Koniferen

Fichte, Kiefer, Tanne, Eibe, Wacholder, Scheinzypresse, Lebensbaum, Zeder

Immergrüne Laubgehölze

- Rhododendron und andere Moorbeetpflanzen
- Immergrüne Arten von Schneeball, Felsenmispel, Berberitze, Kirschlorbeer und Buchsbaum
- Immergrüne Schlinger wie Efeu, Heckenkirsche, Brombeere und Pfaffenhütchen

»Verdunstungsschutz« besitzen, sondern eventuell bei Kälte und Wassermangel ihre Blätter zusammenrollen und so die Verdunstung einschränken. Decken Sie diese Pflanzen im Wurzelbereich auch vorsorglich mit Mulch oder Laub ab. Damit es nicht vom Wind fortgetragen wird, können Sie etwas Fichtenreisig darüber legen. Oder Sie stellen Kaninchendraht kreisförmig um ihre Pflanzen und füllen den so entstandenen Korb mit Laub, eine 30 cm starke Schicht reicht.

In einer milden Periode sollten Sie diese Gewächse gießen, damit sie über die Wurzeln wieder Wasser aufnehmen können und nicht vertrocknen. Vor allem bei jungen Pflanzen empfiehlt sich zusätzlich ein Verdunstungsschutz aus Schilfmatten, Sackleinen oder Jute. An sonnigen Tagen können Sie auch einfach einen Sonnenschirm aufspannen oder ein leichtes Tuch über die Zweige werfen.

Tragen Sie den Weißanstrich an Obstbäumen mit dünner Rinde satt auf. Vorher abgestorbene Rinde und Flechten abbürsten!

Frostrisse verhindern

Obstbäume mit glatter Rinde sind ebenso wie zahlreiche Ziersträucher durch Frostrisse gefährdet. Der beste Schutz davor sind Rohrmatten, Jutebänder oder einfach Bretter, mit denen Sie den Stamm von Ziersträuchern schattieren, indem Sie sie in Süd-Ost-Ausrichtung an den Stamm lehnen.

Beliebt bei Obstbäumen ist ein Weißanstrich. Die helle Schutzschicht reflektiert die Sonnenstrahlen und verhindert ein zu starkes einseitiges Aufheizen der Rinde. Angenehmer Nebeneffekt: Viele Schädlinge, die sich in den Rindenritzen der Stämme verstecken wie Obstbaumminiermotte, Blutlaus, Apfelblütenstecher, Apfelwickler oder Pflaumenwickler, ersticken unter der Anstrichkruste ebenso wie verborgene Pilzsporen. Abgekommen ist man inzwischen von dem Einpinseln mit Kalk, da dieser Anstrich – angebracht im Frühherbst –

Salzschäden – was tun?

Wächst Ihre Hecke entlang einer Straße oder eines Weges, der regelmäßig mit Streusalz behandelt wird? Diese Salze oder auch das salzhaltige Spritzwasser können bei Nadelbäumen und immergrünen Gehölzen fleckenförmige Chlorosen und in der Folgezeit abfallende Nadeln und Blätter verursachen. Das Salz beeinträchtigt nämlich die Wasser- und Nährstoffaufnahme der Pflanzen. Wurzeln werden geschädigt, schlimmstenfalls stirbt die ganze Pflanze ab. Bei jahrelangem Streusalzeinsatz wird der Boden im Extremfall unfruchtbar.
Liegt Ihr Garten direkt neben einer stark befahrenen Straße, sollten Sie zur Straße hin einen Wall aufschütten und diesen mit salzverträglichen Gehölzen bestücken. Verwenden Sie selbst nur umweltfreundliche Streumittel wie Splitt oder Sand. Eventuell sollten Sie das salzhaltige Wasser, das vom Straßensalz stammt, ableiten und zum Winterende den Boden zur Salzauswaschung gründlich wässern.

Salzverträgliche Gehölze: Erbsenstrauch *(Caragana arborescens)*, Faulbaum *(Frangula alnus)*, Feld-Ahorn *(Acer campestre)*, Feld-Ulme *(Ulmus minor)*, Kartoffel-Rose *(Rosa rugosa)*, Kreuzdorn *(Rhamnus cathartica)*, Krummholz-Kiefer *(Pinus mugo)*, Kupfer-Felsenbirne *(Amelanchier lamarckii)*, Sanddorn *(Hippophae rhamnoides)*, Schwarzer Holunder *(Sambucus nigra)*, Schwarz-Kiefer *(Pinus nigra)*

bereits im Februar zu mehr als 90 Prozent abgeblättert ist. Der Weißanstrich sollte nicht auf nasse oder gefrorene Risse aufgetragen werden, ideal sind Temperaturen ab 10 °C. Entdecken Sie irgendwo dennoch einen Frostriss, so schneiden Sie mit einer Hippe die Ränder des Risses bis ins Kambium aus. Im Laufe des kommenden Sommers wird der Baum von sich aus die Wunde wieder überwachsen und überwallen. Nicht sachgerecht aufgetragene Wundverschlussmittel bergen immer ein gewisses Risiko: Die Bäume verfaulen von innen.

Verbissschutz für Bäume

In manchen Regionen sind Rehe ebenso wie Hasen und Kaninchen im Winter kaum aus den Hausgärten fernzuhalten. Besonders bei geschlossener Schneedecke schädigen sie Gehölze aller Art durch Benagen und Verbeißen der Rinde. Hier sind Zäune notwendig. Bei Rehen müssen sie mindestens 1,50 Meter hoch sein. Hasen und Wildkaninchen können bis 1 Meter hoch springen, der Zaun sollte außerdem 30 Zentimeter tief im Boden versenkt sein, damit sich die Tiere nicht durchbuddeln. Einzelne Gehölze können Sie mit Bambus- oder Schilfmatten bzw. Plastikmanschetten umwickeln oder rohe Schafwolle um die Astspitzen wickeln. Das schmeckt den Rehen nicht. Auch Kieselalgen *(Diatomeen)*, die als Kieselgut im Handel ist, haben sich als Verbissschutz der Baumrinde bewährt. Es ist natürlich und nicht giftig. Versuchen können Sie es auch mit einer Ablenkungsäsung bestehend aus liegen gelassenen Resten des Obstbaumschnitts. Besonders Zweige der Apfelbäume sind bei Hasen und Kaninchen sehr beliebt – ihre Bäume bleiben damit vielleicht verschont.

In der Wirkung umstritten sind Präparate, die durch ihren Geruch oder Geschmack die Tiere vertreiben sollen. Sie werden auf der Basis ätherischer Öle oder chemischer Wirkstoffe hergestellt.

Schädlinge verhindern

Die Borke älterer Obstbäume bietet Schädlingen wie Apfelwickler und Apfelblattsauger ein perfektes Winterquartier. Sie ziehen sich unter die lockeren Borkenplatten zurück und überdauern dort die kalte Jahreszeit. Indem Sie im Herbst die Borke der älteren Obstbäume mit einer harten Bürste oder einem speziellen Rindenschaber abkratzen, können Sie den Schädlingsbefall fürs nächste Jahr reduzieren. Drücken Sie die Metallschaber nicht zu fest auf: Die Geräte sollten lediglich die lockeren Stücke der Borke lösen und nicht die Rinde verletzen.

Kompostieren Sie grundsätzlich die Blätter und vertrockneten Früchte von Apfelbäumen. Auf den Blättern überwintert der Apfelschorf und infiziert im Frühling die nächste Blätter- und Fruchtgeneration. Fruchtmumien können die Monilia-Fäule auf den Austrieb des nächsten Jahres übertragen (Seite 55).

Setzen Sie Leimringe gegen Schädlinge ein, die am Stamm hochkriechen. Wollen Sie dem Kahlfraß von Apfel und Kirschen sowie ihren Zierformen vorbeugen, so bringen Sie bis Ende September Leimringe an. Diese müssen den Stamm und auch den Baumpfahl auf einer Breite von 10 cm fest umschließen. Grün gefärbte Ringe vermeiden den Fang von Nützlingen, gelb zieht alle Insekten an. Bestrichen wird dieser Untergrund mit einem nicht austrocknenden Raupenleim, der bei Bedarf erneuert werden muss. Nicht flugfähige Spannerweibchen, die zur Eiablage den Stamm hinaufklettern, werden dadurch bekämpft. Entfernen Sie die Leimringe spätestens im April nach der Vermehrungszeit und untersuchen Sie den Stamm unterhalb des Leimrings auf die millimetergroßen, dunkelroten Eier. Kratzen Sie die Eier mit einer Drahtbürste ab. Ein Stammanstrich macht noch den letzten Eiern den Garaus.

Leimringe gegen flugunfähige Spannerweibchen bringt man Ende September an.

Wohin mit dem Falllaub?

Besonders Blätter fallen im Herbst in rauen Mengen von Bäumen und Sträuchern. Einen Teil können Sie vielleicht mit der Biotonne entsorgen oder zu einer Sammelstelle bringen. Wohin aber mit dem Rest?

- Laub unter Bäumen oder Sträuchern können Sie getrost liegen lassen. Diese natürliche Mulchschicht schützt den Boden vor Frost. Waldstauden lieben diese feuchtwarme Abdeckung des Bodens. Auch unter Rhododendren können Sie die Laubschicht liegen lassen. Die Blätterdecke bietet vielen nützlichen Tieren Schutz.
- Von Rasenflächen sollten Sie die Blätter möglichst rasch entfernen. Eventuell können Sie die Blätter mit dem Rasenmäher zerkleinern und dann zusammenrechen. Dieses Material eignet sich zum Mulchen, ergibt aber auch gute Komposterde.
- Bewahren Sie einen Haufen des trockenen Laubs in einer versteckten Ecke auf. Es eignet sich gut, um damit Stauden und nicht winterharte Sträucher zu schützen.
- Sie können die Blätter auch lagenweise auf den Kompost geben. Achten Sie darauf, dass die Schichten nicht mehr als 5 Zentimeter dick sind, sonst besteht Fäulnisgefahr. Über jeder Laubschicht sollten Sie eine Schaufel reifen Kompost oder Gartenerde verteilen. Das meiste Laub können Sie problemlos ausbringen, wegen des hohen Gerbstoffgehalts sollten Sie (Rot-) Eiche, Kastanie, Pappel, Platane und Walnuss gesondert verrotten lassen. Erst wenn sich diese Hemmstoffe abgebaut haben, darf es mit auf den Kompost. Eventuell können Sie separaten Laubkompost fürs Moorbeet erzeugen. Die Pflanzen, die dort wachsen, mögen den tiefen pH-Wert.
- Haben Sie zu viel Laub für den Kompost, dann lagern Sie es doch in Regentonnen oder Säcken zwischen und geben es im Laufe des Winters zum Kompost. Möglichst locker und trocken sollte es sein, damit genügend Luft zwischen den Schichten zirkulieren kann. Die Zugabe von etwa 10 kg Hornspänen pro Kubikmeter zerkleinerten Herbstlaubes verbessert den Rottevorgang.
- Breiten Sie die Blätter in einer bis zu 20 cm dicken Schicht auf einem leeren Beet aus. Arbeiten Sie es leicht in den Boden ein, damit es nicht wegfliegt. Sie beschleunigen den Zersetzungsprozess, wenn Sie Hornmehl oder Algenkalk dazugeben.

Rosen

Für viele Gärtner sind Rosen wegen ihrer Blüten und ihres Dufts die schönsten Blumen der Welt – ein Grund mehr, ihnen besondere Aufmerksamkeit und einige spezielle Tipps unter den Gehölzen zu widmen.

Frisch gepflanzte Rosen sind für eine Mulchschicht im Winter dankbar.

Am Anfang steht hier eine Aufforderung zum Nichtstun: Schneiden Sie Rosen im Herbst nicht zurück, denn die verbleibenden Stummel können im Lauf des Winters bis zum Boden eintrocknen. Entfernen Sie lediglich welke Blätter und Blüten. Der eigentliche Rückschnitt erfolgt dann im Frühjahr nach dem Austrieb – und zwar dann, wenn die Forsythien blühen.

Richtig pflanzen und pflegen

Der Herbst ist traditionell Rosenpflanzzeit. Im ersten Winter sind die Pflanzen allerdings besonders frostanfällig. Deshalb sollten Sie gerade bei frisch gepflanzten Rosen die Triebbasis mit einer Mischung aus Kompost und Laub etwa 15 Zentimeter hoch anhäufeln. Auch Rindenmulch eignet sich gut zu diesem Zweck. Verwenden Sie keinen Torf, der wird bei Frost steinhart und trocknet aus, oder Holzhäcksel, die enthalten zu viel Gerbstoffe.

Die oberirdischen Teile deckt man mit Fichten- oder Tannenreisig gut ab. So vermeiden Sie Trockenschäden durch Wind und Wintersonne. Auch einem frühzeitigen Austrieb beugen Sie vor, denn bei warmem Sonnenlicht stellen sich die Pflanzen an sonnigen Wintertagen auf den Austrieb ein. Fließt der Pflanzensaft in die Triebe, dann können in einer nun folgenden frostigen Nacht die feinen Gefäße platzen und der Trieb geschädigt werden. Stellen Sie bei höher wachsenden Strauchrosen das Nadelreisig zwischen die Zweige.

Haben sich die Rosen erst einmal etabliert, so

sind solche Maßnahmen nur noch in raueren Gegenden notwendig! Kleinstrauch- und Bodendeckerrosen brauchen in der Regel überhaupt keinen Winterschutz, sie sind sehr wüchsig und robust.

Empfindliche Veredlungsstelle

Bei veredelten Rosen wächst auf einer kräftigen Unterlage mit günstigen Wuchseigenschaften (meist eine Wildrose) eine attraktiv blühende Rose. Wo die beiden Pflanzen aufeinandertreffen, befindet sich die Veredlungsstelle. Dieser Punkt ist frost- und verletzungsempfindlicher als die restliche Pflanze und muss besonders pfleglich behandelt werden. Sie sollte zwei bis drei Finger breit unter der Erde liegen. So ist die Veredlungsstelle nicht nur geschützt: Bei einer so tiefen Pflanzung treiben auch weniger unerwünschte »Wildtriebe« aus dem Boden aus.
Biegsame Rosenhochstämme, bei denen die Veredlungsstellen in 90 bis 150 Zentimeter Höhe liegen, bindet man von der Halterung los. Entfernen Sie alle Blätter, sie könnten in der Erde faulen. Jetzt biegen Sie den Hochstamm in ein zuvor ausgehobenes Loch. Fixieren Sie den Kronenansatz vorsichtig am Boden mit einem Haken und bedecken die Krone locker mit Erde. Alles, was noch aus der Erde ragt, wird mit Fichten- oder Tannenreisig abgedeckt.
Ältere Hochstammrosen sind meist nicht mehr so biegsam. Ihr Stamm wird mit Fichtenzweigen geschützt, die mit einer Schnur zusammengebunden werden. Umwickeln Sie die Krone schützend mit Tannenreisig und fixieren das Ganze mit einer Schnur. Auch ein Jutesack gibt – kombiniert mit Jutebändern oder einer Bambusmatte – einen guten Frostschutz für Hochstammrosen ab.

Das richtige Schutzmaterial

Folien, die als Winterschutz verwendet werden, dürfen nicht wasserdicht sein, denn im Innern des Beutels kann gefrierendes Kondenswasser Schäden an den Pflanzen verursachen, bei Sonneneinstrahlung kann es zu einem Hitzestau kommen. Im Gartenfachhandel wird spezielles Wintervlies angeboten, das atmungsaktiv, licht-

Gut verpackt in Tannenreisig: So überstehen Hochstammrosen den Frost.

und wasserdurchlässig ist. Nach starken Schneefällen sollten Sie Ihre Rosen immer auch von der weißen Last befreien. Je nasser der Schnee, desto schneller brechen die Äste. Stehen Ihre Rosen an einer Hauswand, sollten Sie sie vor Dachlawinen schützen. Dazu stellen Sie Holzbretter tipiartig über die Rosenstöcke.

Gezielte Düngung

Schon ab Juli sollten Sie Ihren Rosen keinen Stickstoff mehr geben, damit die Triebe bis zum Winter gut aushärten. Bringen Sie bereits im August ungefähr 50 Gramm Kalium pro Quadratmeter aus. Dadurch reift das Holz besser aus und die Pflanzen sind weniger anfällig gegen Erfrierungen. Bemerken Sie in Ihren Rosenbeeten einen sinkenden pH-Wert, sollten Sie im Winter Kalk ausbringen – aber nicht gemeinsam mit dem Kompost!

Kampf den Pilzsporen

Neben den lästigen Wühlmäusen (Bekämpfung Seite 56) gibt es viele schädliche Pilzkrankheiten. Vorbeugen kann man diesen, indem man eine resistente Sorte, die beispielsweise vom ADR zertifiziert ist, kauft. Wie bei allen Pflanzen gilt, dass eine optimal mit Nährstoffen versorgte Rose, die an einem passenden Standort steht, nicht so anfällig ist gegen Krankheiten. Bei Rosen ist vor allem auf Sonne, Luft und nicht zu großen Dichtstand zu achten. Vermeiden Sie es, Rosen von oben zu besprengen, denn nasse Blätter sind der ideale Nährboden für Pilzkrankheiten.

Schnitt ist im Herbst nur bei Verwelktem angesagt. Sonst ruht die Schere bis zum Frühjahr.

Einfache Rosenblüten entwickeln sich zu prächtigen Hagebutten – im Winter ein Augenschmaus.

Vor allem diese Pilze sind gefährlich

Rosenrost macht sich im Frühjahr durch orangefarbene Sporenlager an der Blattunterseite bemerkbar. Im Herbst verfärben sich die Pusteln schwarzbraun. Befallene Rosen sind oft ab Juli ohne Laub, die Pflanze treibt verstärkt neu aus. Das kostet viel Kraft, die Triebe können nicht mehr ausreifen und sind stark frostgefährdet. Ist Ihre Rose befallen, so sollten Sie im Herbst krankes Rosenlaub aus dem Garten entfernen, da die Krankheit auf den kranken Blättern überwintert. Bitte nicht auf den Kompost werfen!

Sternrußtau – Der Name weist auf sternförmige, violettbraune bis schwarze Flecken hin, die blattoberseits besonders gern an Strauchrosen erscheinen. In der Folge werden die Blätter gelb und fallen ab. Diese Pilzkrankheit sollten Sie nicht unterschätzen. Müssen sich die Rosen damit Jahr für Jahr auseinandersetzen, gehen sie ein. In regenreichen Sommern und an Standorten, an denen das Laub schlecht abtrocknet, ist der Befall besonders ausgeprägt. Neben einem licht- und luftreichen Standort ist ein Entfernen des befallenen Laubes im Herbst wichtig. Sammeln Sie alle abgefallenen Blätter ein, denn sie würden im Frühjahr die jungen Triebe infizieren.

Rosenblattfleckenkrankheit – Sie macht sich durch kleine, schwärzliche oder blutrote Flecken mit weißlicher Mitte (»Purpurfleckenkrankheit«) bemerkbar. Ein starker Befall kann zum Abfallen der Blätter führen. Verursacht werden diese Flecken durch einen Pilz. Vorbeugend sollten Sie befallene Blätter einsammeln und vernichten

Echter Mehltau Kletterrosen und Edelrosen sind häufig betroffen. Mehr siehe Seite 54.

Rosen im Kübel

Gehören Sie zu den Rosenfans, die Ihre Sträucher im Topf kultivieren, weil Sie sie immer ganz nah um sich haben wollen?

Damit sie den Winter gut überstehen, können Sie ab Ende Oktober das Pflanzgefäß bis zum Rand im Erdreich eingraben. Nur die Triebe sollten herausragen. Um die Töpfe stellen Sie Styroporplatten zur Wärmedämmung und stopfen die Zwischenräume mit Stroh aus. Das Ganze wird mit Zweigen abgedeckt.

Wem für diese Lösung der Platz fehlt, umwickelt den Topf mit Noppenfolie und stellt ihn auf eine Styroporplatte. Auf diese Weise kann das Wasser ablaufen und die Wurzeln sind vor Bodenkälte geschützt. Stellen Sie die Pflanzen am besten vor eine schattige Wand, dort sind die Temperaturunterschiede an sonnigen Wintertagen nicht so groß. Ab März können Sie die Pflanzen dann wieder aus dem Erdloch herausnehmen und zunächst geschützt und schattig aufstellen. Erst später kommen sie an ihren gewohnten Platz.

Ist Ihnen das auch noch zu unsicher? Dann bringen Sie die Pflanzen in einen feuchten, nicht unbedingt frostfreien Raum oder in ein Gewächshaus. Denken Sie daran, die Topfrosen im Winter zu gießen, die Gefahr des Austrocknens ist beträchtlich!

Stauden

Stauden – das sind krautige Pflanzen im Garten, die nicht verholzen und jedes Jahr wieder austreiben, im besten Fall auch blühen und Früchte bilden. In der kalten Jahreszeit sieht man wenig von ihnen, denn die meisten überwintern mithilfe von Rhizomen, Stolonen oder Wurzelspeicherorganen. Landläufig bezeichnen die Gärtner diese Organe mit dem Sammelbegriff »Wurzelstock«. Auch Zwiebel- und Knollengewächse, Gräser und viele Wasserpflanzen gehören zu den Stauden. Jede dieser Pflanzengruppen hat aber ganz unterschiedliche Bedürfnisse und Lebenszyklen, deshalb ist ihnen jeweils ein eigenes Kapitel gewidmet. Auf diesen Seiten geht es um die »sonstigen Stauden«, die man oft als Blütenstauden bezeichnet.

Dieses Staudenbeet ist in der kalten Jahreszeit attraktiv, denn die Strukturen bleiben erhalten.

Stauden sind an sich winterhart. Gefährlich werden können ihnen nur zwei Witterungen, vor denen Sie sie schützen müssen:

- kalte, schneearme Winter mit starken Barfrösten, die in so tiefe Bodenschichten eindringen, dass die Wurzeln geschädigt werden und austrocknen;
- feuchte, milde Winter, die besonders Stauden aus trockenen Gebieten oder dem Mittelmeerraum durch übermäßige Feuchtigkeit gefährden, weil die Wurzeln anfangen zu verfaulen.

Schneiden – ja oder nein?

Die oberirdischen Triebe der meisten Stauden sterben in der kalten Jahreszeit ab. Über das zurückbleibende welke Blattwerk gibt es in Hobbygärtnerkreisen geteilte Meinungen: Die eine Fraktion möchte den Garten vor dem Winter aufgeräumt wissen und abgestorbene Triebe möglichst rasch aus den Beeten entfernen. Die andere Fraktion verweist auf die attraktiven

Fruchtstände und Blattreste, die – mit Reif und Schnee überzogen – überaus attraktiv aussehen, sowie darauf, dass die Staude mit dem abgestorbenen Laub ihre eigenen Wurzeln vor Kälte und die Neutriebe im Frühling vor Spätfrösten schützt. Naturschützer merken außerdem an, dass das welke Laub zahlreichen Schmetterlingen, Gliederfüßlern, aber auch Marienkäfern als Überwinterungsplatz dient. Sie halten später beispielsweise Blattläuse in Schach und tragen so zu einem schädlingsfreien Garten bei. Fazit der Überlegungen: Frühestens im Spätwinter Ende Februar bis Anfang März sollten Sie die Stauden zurückschneiden.

Ausnahmen bestätigen die Regel

Für jede Regel gibt es Ausnahmen, zur Schere greifen sollten Sie ganz besonders in den folgenden Fällen:

- Sind die Stauden mit Pilzen befallen, ist es nicht ratsam, das Laub über Herbst und Winter im Beet zu belassen. Pilzsporen könnten sonst im Frühling weitere Stauden befallen. Schneiden Sie alle Blätter und Triebe zurück und entsorgen Sie sie im Hausmüll.
- Sie wollen vermeiden, dass eine Staude aussamt, da die Mutterpflanze vegetativ vermehrt wurde und ihre Sämlinge nicht mehr die gleichen Wuchseigenschaften wie die Pflanze haben, die Sie so schätzen.
- Sie wollen verhindern, dass sich eine Staude im ganzen Garten ausbreitet und andere, weniger vitale Arten in Grund und Boden wächst. Diese Maßnahme ist vor allem bei im Frühsommer blühenden Stauden angebracht.
- Ein Schnitt im Herbst kann auch dem Schutz der Pflanzen dienen: Bei Langzeitblühern sorgt ein Rückschnitt unmittelbar nach der Blüte eine Handbreit über dem Boden dafür, dass die Pflanze zur Ruhe kommt. Anstatt alle Kräfte in die Blüte zu investieren, werden die Stauden zum Bilden von Überwinterungsorganen angeregt.

Bei diesen Stauden ist ein Frühherbstschnitt sinnvoll

Art	Bot. Name	Schnittmaßnahme
Färberkamille	*Anthemis tinctora*	Rückschnitt ca. 10 cm über dem Boden im Frühherbst
Frauenmantel	*Alchemilla*	Rückschnitt nach der Blüte
Kokardenblume	*Gaillardia*-Hybriden	Rückschnitt bis zur Blattrosette
Mädchenauge	*Coreopsis grandiflora*	Rückschnitt bis zur Blattrosette
Ochsenzunge	*Anchusa azurea*	Rückschnitt bis zur Blattrosette
Prachtkerze	*Gaura lindheimeri*	Ende August auf 10 cm zur Winterknospenbildung einkürzen
Türkischer Mohn	*Papaver orientale*	Rückschnitt ca. 10 cm über dem Boden im Frühherbst

Das hilft den Mehrjährigen

Wollen Sie Ihre Stauden gut über den Winter bringen, sind folgende Maßnahmen sinnvoll:

- Geben Sie spätestens Ende Juli keinen stickstoffbetonten Dünger mehr, sonst kommen die Pflanzen nicht zur Ruhe und lagern auch keine Reservestoffe in den Wurzelstock ein. Vor dem Frost können Sie die Pflanzen mit etwas Laub abdecken. Auf diese Weise haben die Pflanzen im Frühjahr gleich eine Startdüngung. Wässern Sie auch nicht mehr so ausgiebig, Wassermangel fördert die Frosthärte.
- Ein Winterschutz in Form von Reisig ist nur bei Stauden erforderlich, die aus wärmeren Gefilden stammen. Zu ihnen gehören Bartfaden *(Penstemon)*, manche Sonnenhutarten *(Echinacea)*, Sonnenauge *(Heliopsis)* und die Prachtkerze *(Gaura lindheimeri)*. Ihnen macht besonders Barfrost (frostige Temperaturen ohne isolierende Schneeschicht) zu schaffen. Diese spät blühenden Stauden sollten ebenso wie die Winteraster *(Argyranthemum)* so früh wie möglich oder erst im Frühjahr gepflanzt werden.

Die Kokardenblume gehört zu den wenigen Stauden, die im Herbst zurückgeschnitten werden sollten.

Mit Laub abdecken – ja oder nein?

Sie können Stauden, die komplett einziehen, mit einer Schicht aus Laub abdecken. Unter dem Laub bleibt der Boden offen, das Bodenleben bewahrt bis in die oberen Schichten seine Aktivität und der Bodenfrost dringt nicht so tief ein. Dies wirkt sich auch positiv auf die Überwinterungsorgane und Wurzeln der Stauden aus. Allerdings sollten Sie bei Immergrünen und mediterranen Kräutern auf eine Laubabdeckung verzichten (Seite 36). Darunter würden die Triebe zu faulen beginnen. Achten Sie auch darauf, dass die Laubdecke im Frühjahr zeitig wieder abgenommen wird, damit der junge Austrieb darunter nicht erstickt. Entfernen Sie dabei das Laub nicht auf einmal, sonst sind die frischen Triebe den Spätfrösten ungeschützt ausgesetzt.

Stauden im Kübel

Vorsicht ist angesagt bei Stauden, die im Kübel wachsen. Friert der ganze Wurzelballen durch, kann ihnen das schaden. Umwickeln Sie die Pflanzgefäße besser mit isolierender Noppenfolie oder versenken Sie die Kübel im ungenutzten Gemüsebeet. Problemlos sind Funkien im Kübel draußen zu überwintern.

Immergrüne Stauden

Nicht alle Stauden überwintern unterirdisch. Immergrün *(Vinca)*, Leberblümchen *(Hepatica nobilis)*, Christrosen *(Helleborus)* und Bergenien *(Bergenia)*, Teppich-Golderdbeere *(Waldsteinia ternata)*, Schattengrün *(Pachysandra)*, der unverwüstliche Efeu *(Helix hedera)*, Purpurglöckchen *(Heuchera)* und viele mediterrane Kräuter gehören dazu. Ihre Blätter nehmen nach den ersten Nachtfrösten oft fantastische Farbtönungen an – eine willkommene Belebung des jetzt doch recht öde gewordenen Gartens.

- Solange es die Witterung zulässt, können Sie sich an dem Winterblattschmuck erfreuen. Aber sobald es auch tagsüber frostig bleibt und es bis in tiefere Bodenschichten friert, wird es Zeit aktiv zu werden. Laub ist hier nicht der richtige Winterschutz. Entfernen Sie in jedem Fall Laub von den Immergrünen. Es liegt im Winter nass und schwer auf ihnen und könnte sie regelrecht ersticken. Schattieren Sie lieber alle an einer exponierten Stelle wachsenden Pflanzen mit Fichtenreisig. Das verliert gegen Ende des Winters seine Nadeln, und die Pflanzen gewöhnen sich peu à peu an die intensiver werdende Frühlingssonne. Kontrollieren Sie immer wieder, ob sich Mäuse unter dem Frostschutz aufhalten!
- Wie alle Immergrünen sind auch diese Stauden im Winter von Frosttrocknis bedroht. Dies gilt umso mehr, wenn sie an einem sonnigen Standort wachsen. Ist der Boden nicht gefroren, sind sie für bemessene Wassergaben dankbar.
- Im nächsten Frühjahr sollten Sie alle immergrünen Stauden ausputzen: Schneiden Sie Verwelktes und Abgestorbenes zurück, damit die frischen Triebe durchkommen. Entfernen Sie auf den Pflanzen liegendes Laub. Mehr ist nicht nötig, sie regenerieren ganz von alleine.

Steingartenpflanzen

Zu den immergrünen Stauden zählen auch viele Steingartengewächse. Da sie aus alpinen Regionen stammen, hält man sie auf den ersten Blick für wenig frostempfindlich, doch das

Auf die Pflanzung kommt es an

Herbst ist grundsätzlich auch Staudenpflanzzeit. Viele Stauden reagieren aber extrem empfindlich auf Staunässe im Untergrund, die zu dieser Jahreszeit besonders häufig auftritt.

- Lockern Sie den Boden vor der Pflanzung tiefgründig auf. Die Wurzeln sollten ohne Knick hineinpassen. Für mittelgroße und hohe Stauden müssen Sie das Pflanzloch etwa zwei Spatenlängen tief ausgraben.
- Verbessern Sie den Boden je nach den individuellen Bedürfnissen der Stauden mit humosem oder sandigem Substrat.
- Mediterrane Stauden, Stauden von mageren, trockenen Standorten und Steingartenpflanzen mögen keine nassen Füße. Sorgen Sie bei diesen Asketen deshalb beim Pflanzen für eine Dränageschicht im Untergrund. Ein paar Zentimeter Schotter oder Kies im Pflanzloch reichen vollkommen aus.
- Kontrollieren Sie, dass die Pflanzen nicht auffrieren, d.h. dass sie nicht mit der Wurzel aus dem Boden gehoben werden! Dies sollten Sie immer wieder kontrollieren und die Pflanze im Fall des Falles wieder andrücken.

Gegenteil ist der Fall: In ihrem natürlichen Wuchsgebiet sind oberirdische Pflanzenteile, aber auch der Boden und die Wurzeln im Winter durch eine hohe Schneedecke vor Frostschäden geschützt. Weil dieser natürliche Winterschutz in den meisten Flachlandregionen aber fehlt, sollten Sie den Steingarten bei Kahlfrösten mit Fichtenreisig schützen.

Hinweis: Halbsträucher

Halbsträucher werden meist den Stauden zugerechnet. Da ihre Triebe aber nur allmählich im unteren Bereich verholzen, haben sie eine Sonderstellung zwischen Stauden und Gehölzen. Manche von ihnen, wie die Zistrose, müssen an einem frostfreien Platz überwintern. Meist winterharte Halbsträucher, wie Bartblume *(Caryopteris)*, Eberraute *(Artemisia abrotanum)*, Johanniskraut *(Hypericum)*, Lavendel *(Lavandula)*, Salbei *(Salvia)* und Thymian *(Thymus)* bleiben dagegen das ganze Jahr über an ihrem Platz im Garten. Sie frieren bei starker Kälte zurück, bei gemässigten Wintertemperaturen und dem entsprechenden Winterschutz in Form von schützendem Reisig oder luftdurchlässigen Abdeckungen bleiben sie grün. Graulaubige und

Winterschutz einmal anders: Ein Gitter aus Hasendraht wird um den Lavendel gestellt, …

… seitlich mit isolierendem Stroh befüllt und oben mit Reisig abgedeckt.

buntblättrige Thymianarten gelten übrigens als empfindlicher. Auch der Zitronenthymian erfriert leicht und benötigt Winterschutz.
Ganz nach Bedarf werden Halbsträucher nach der kalten Jahreszeit entweder radikal zurückgeschnitten – sie treiben dann aus dem Wurzelstock wieder neu aus – oder nur ausgeputzt. Ganz ohne Schnitt geht es nicht, weil sie sonst verkahlen. Wer sich unsicher ist, wo er schneiden soll: Schneiden Sie nicht tiefer als einen halben Zentimeter über einem letztjährigen Austrieb ab. Gerade bei dickeren Trieben sollten Sie leicht schräg schneiden, damit das Regenwasser besser ablaufen kann.

Magische Winterblüher

Energisch trotzen viele Stauden der kalten Jahreszeit. Einige sind besonders unerschrocken: Sie tragen auch im Winter noch Früchte oder blühen sogar.
Zu den Highlights der »staden Zeit« gehört zweifellos die Christrose *(Helleborus)*. Ihre hellen Schalenblüten erheben sich über wintergrünen Blättern. Apart sind die Farbmuster, Staubgefäße und Sprenkelungen, die sich im Blüteninneren zeigen. Diese Staude gedeiht gut im Halbschatten vor oder unter lichten Gehölzen und macht auch in Gefäßen eine gute Figur. Ausgepflanzt mag sie einen durchlässigen Boden und reagiert empfindlich auf Wurzelverletzungen, deshalb sollten Sie rund um die Staude nicht hacken. Winterschutz benötigt sie nur, wenn es wirklich kalt ist. Er sollte aber möglichst bald wieder entfernt werden, damit kein Pilzbefall entsteht. Tritt Grauschimmel auf, so müssen befallene Triebe bis tief in gesunde Bereiche zurückgeschnitten und das Laub mit dem Hausmüll entfernt werden.
Zwei Wermutstropfen gibt es allerdings:

- Die Pflanze ist giftig. Der Saft kann Hautreizungen hervorrufen. Tragen Sie beim Schneiden besser Handschuhe.
- Früher oder später ist jede Christrose von der Schwarzfleckenkrankheit bedroht (siehe Seite 54). Gießen Sie in Zukunft etwas weniger, die Krankheit wird durch Feuchtigkeit begünstigt. Entfernen Sie auf jeden Fall das gesamte Laub, sobald die Knospe sichtbar ist. Können die Stauden möglichst ungestört und ohne Standortwechsel wachsen, belohnen sie dies mit langjähriger Blüte: Sie können 25 und mehr Jahre alt werden.

Als Schnittblumen eignen sich *Helleborus* nicht so gut. Aber legen Sie die Blüten einfach wie eine Schwimmblüte in eine Wasserschale, dort kommt ihre schlichte Schönheit wunderbar zur Geltung.

Einer Legende nach sind Christrosenblüten die Tränen eines armen Hirten, der traurig darüber war, dem Jesuskind nichts schenken zu können.

Ziergräser

Der Siegeszug der Gräser in unsere Gärten hält unvermindert an. »Grässlich – ein Garten ohne Gräser«, meinte zu diesem Thema in den 1960er-Jahren der Gartenpapst und Gräsermentor Karl Foerster. Ein Grund mehr, sich mit ihren Wuchsbedingungen gerade im Winter auseinanderzusetzen!
In der Natur haben Gräser überall eine Heimat. Sie sind in den nordamerikanischen Steppen ebenso vertreten wie auf Dünen oder auf Bergwiesen, in lichten Wäldern ebenso wie an Gewässerufern. Ganz trocken oder ganz feucht – so lässt sich ihre natürliche Standortsamplitude beschreiben.

Der richtige Standort

Um einer hohen Verdunstung vorzubeugen, haben trockenheitstolerante Gräser schmale Blätter, die oft sogar zu einem Röhrchen zusammengerolllt sind. Sie sind blau und grau gefärbt, zum Teil sogar mehr oder weniger filzig behaart. Die meisten trockenheitstoleranten Gräser gedeihen im Garten auf einem gut wasserdurchlässigen Standort in sonniger Lage, besonders stauende Nässe hassen sie wie die Pest. Vor Wasser müssen sie im Winter regelrecht geschützt werden, damit die Wurzeln nicht verfaulen. Wer also Gräser in seinem Garten kultivieren will, sollte günstige Wuchsbedingungen für sie schaffen:

- Tonige und lehmige Böden sollten mit Sand oder Splitt aufgelockert werden. Durch diese Vergrößerung des Grobporenvolumens kann das Wasser besser ablaufen.
- Sandboden stellt für die Pflanzen grundsätzlich kein Problem dar, allerdings freuen sie sich über zusätzliche Humus- und Kompostgaben, damit das Wasser länger im Boden gehalten wird.

Attraktiv in der kalten Jahreszeit

In Herbst und Winter verwandeln sich die Silhouetten der Gräser, von Raureif und Eis in Szene gesetzt, in Kunstwerke der Natur. Doch nicht nur deshalb sollten Sie einen Rückschnitt vermeiden. Die abgestorbenen Pflanzenteile dienen als Mulch für die Knospen und schützen sie vor der Kälte. In abgeschnittenen Halmen kann sich Wasser sammeln, das bei Frost auffriert und für Fäulnis sorgt. Vögel ernähren sich im Winter gern von den Samen, teilweise überwintern Nützlinge aus der Welt der Insekten in den Stängeln. Lediglich bei der Riesen-Segge *(Carex pendula)*, bestimmten Federborstengräsern *(Pennisetum)*, einigen Schmielen *(Deschampsia)* und einigen Chinaschilf-Sorten können Sie erwägen, die Blütenstände zu entfernen – dann nämlich, wenn Sie Selbstaussaat verhindern wollen. Bestimmte Federborstengräser *(Pennisetum)*, Schmielen *(Deschampsia)* und einige Seggen *(Carex)* können stark aussamen und auch keimen. Allerdings ist das Entfernen von Sämlingen ganz einfach, und viele Gärtner nehmen diese Arbeit angesichts des tollen Winterbildes, auf das sie bei einem Rückschnitt verzichten müssten, gern in Kauf.

Gräser, die große Horste bilden, sollten Sie vor dem Winter mit einer Schnur locker zusammenbinden. So wird das Herz der Pflanze vor Frost und Nässe geschützt. Dieses Vorgehen bietet sich auch beim Pampasgras an, dessen Halme Sie im Herbst am besten zu einem Schopf zusammenschlingen. Zusätzlich empfiehlt es sich, bei Pampasgras, Japangras *(Hakonechloa macra)*, Pfahlrohr *(Arundo donax)* und Moskitogras *(Bouteloua gracilis)* eine Laubschicht auszubringen.

Erst wenn keine starken Fröste mehr zu erwarten sind, sollten Sie zur Schere greifen. Dann werden die sommergrünen Gräser bis 5 Zentimeter über dem Boden eingekürzt. Warten Sie damit nicht zu lange, damit die neuen Triebe nicht in den verfilzten abgestorbenen Pflanzenteilen ersticken. Ende Februar ist ein guter Zeitpunkt!

Immergrüne Gräser werden im Frühjahr dagegen nur ausgeputzt. Entfernen Sie also lediglich abgestorbene Pflanzenteile durch Auszupfen (nicht schneiden!).

Gräser im Topf

Immer beliebter wird es, Gräser im Topf zu präsentieren. Damit Sie lange Freude daran haben, müssen sie allerdings vor den ersten Bodenfrösten fest eingewurzelt sein. Packen Sie die Kübel mit Isolationsmaterial ein und stellen Sie sie unter ein schützendes Dach oder an eine Hauswand. Keine Untersetzer, damit sich das Wasser nicht sammeln kann! Übrigens: Im Topf gedeihen fast alle Gräser nur zwei Vegetationsperioden. Vor allem hohen, starkwüchsigen Sorten wird ihr Behältnis schnell zu eng. Dauerhaft für den Topf geeignet sind eigentlich nur Lampenputzergras und Federgras.

Von Reif überzogen entfalten Gräser einen eigenen Charme – auch deshalb nicht zurückschneiden!

Supergras Bambus

Achten Sie beim Kauf darauf, dass die von Ihnen ausgewählte Bambusart winterhart ist. Nicht die Minusgrade allein spielen dabei eine Rolle, auch die Kältedauer, die dabei herrschende Luftfeuchtigkeit und der Bodenzustand nehmen Einfluss darauf, ob Ihr Bambus den Winter übersteht. Ein Bambus, der in China unter einer Schneedecke –25 °C erträgt, geht bei uns in einem Winter mit Barfrost ein, da Luftfeuchtigkeit eine entscheidende Rolle spielt. Feuchte Kälte wird besser vertragen als trockene.

Gräserhorste sollten Sie zusammenbinden, die Halme knicken dann nicht um.

Vor Verletzungen schützen

Achten Sie bei allen Pflegearbeiten mit Gräsern darauf, dass Ihre Hände durch Handschuhe geschützt sind! Oft sind die Blattränder messerscharf. Manche Chinaschilf-Arten rufen dazu fototoxische Reaktionen und Allergien hervor.

In der Regel benötigt Bambus nur im ersten Winter einen Wurzelschutz. Stellen Sie deshalb Hasendraht um den Wurzelbereich und füllen Sie ca. 30 cm hoch trockenes Laub ein (Beispielfoto auf Seite 38). Steht der Bambus in Kübeln auf der Terrasse, so sollten Sie die Pflanzgefäße mit einem wärmenden Vlies umgeben. Friert der Wurzelballen ganz durch, erfrieren die Rhizome.

Ist Ihr Bambus frostgefährdet, wiederholen Sie diese Prozedur auch in den Folgejahren.

Ab August darf nicht mehr gedüngt werden, sonst können die Halme nicht mehr verholzen. Die meisten Bambusarten sind wintergrün und müssen bei frostfreiem Wetter gewässert werden. Staunässe mag allerdings auch Bambus nicht, dann faulen die Rhizome. Bambus möchte warm und sonnig stehen, im Winter ist er für etwas Schatten dankbar, dann trocknen die Blätter nicht. Austrocknende Winde mag Bambus überhaupt nicht! Drückt nasser Schnee die Triebe zu Boden, sollten Sie sie von ihrer Last befreien. Selbst wenn Halme und Blätter nach einem sehr strengen Winter sehr geschädigt sind, kann die Pflanze wieder austreiben. Also warten Sie erst einmal ab, ob sie wieder Knospen zeigt.

Zwiebel- und Knollenblumen

Zwiebel- und Knollenblumen fassen die Gärtner meist unter der Rubrik »Blumenzwiebeln« oder »Zwiebelblumen« zusammen. Schließlich haben beide unterirdische Speicherorgane, mit deren Hilfe sie eine Vegetationsruhe überstehen. Oberirdisch ist in dieser Zeit nichts von ihnen zu sehen.

Die kleinen Unterschiede

Einer der bekanntesten Vertreter der **Zwiebelpflanzen** sind Schneeglöckchen, dessen Blüten schon ganz früh im Jahr erscheinen. Aus ihren Zwiebeln, die aus mehreren Schichten fleischiger Schuppenblätter bestehen, wächst jedes Jahr ein Stängel mit bunten Blüten und Laubblätter hervor. Aus dem Zwiebelboden entwickeln sich die Wurzeln. **Knollen** wie Anemonen dagegen besitzen ein mehr oder weniger rundliches oder abgeflachtes Speicherorgan, das relativ homogen aufgebaut ist. Am Scheitel kann man Vertiefungen erkennen; aus diesen sogenannten Augen entwickeln sich Neutriebe. **Wurzelknollen** wie die Dahlie besitzen eine verdickte Wurzel, die wie Finger geformt sind. Bei einigen Knollenpflanzen ist ein Wurzelhals deutlich ausgeprägt; er erleichtert es Ihnen, »oben« und »unten« zu erkennen, was fürs Einpflanzen wichtig ist.

Nach dem Winter lechzt man geradezu nach den ersten Blüten. Besonders früh sind Zwiebel- und Knollenblumen dran. Für den Topf eignen sich Sorten, die nicht höher als 35 cm werden.

Winterhart oder nicht?

Die meisten frühjahrsblühenden Zwiebelpflanzen sind vollkommen winterhart und überstehen die kalte Jahreszeit ohne Probleme im Boden. Viele Zwiebeln und Knollen überstehen den Winter im Freien nur in milden Gegenden. Sicherheitshalber sollten Sie Hakenlilien *(Crinum)*, Gartenamaryllis *(Nerine bowdenii)*, Inkalilie *(Alstomeria)*, Kronenanemone *(Anemone coronaria)*, Montbretie *(Crocosmia)*, Prärielilie *(Camassia)*, Riesenlilie *(Cardiocrinum giganteum)* und Japanorchidee *(Bletilla striata)* aus der Erde entnehmen und frostfrei überwintern. Wollen Sie es in etwas milderem Klima wagen, sie draußen zu lassen, so sind sie für eine schützende Decke aus Reisig und Laub dankbar. Sobald die ersten Blattspitzen durchstoßen, sollten Sie im nächsten Frühjahr diese schützende Schicht entfernen!

Bevor Sie die Knollen in den Keller stellen, sollten Sie die Behälter beschriften – etwa mit einem Band in der Farbe der Blüten.

Die meisten Sommer- und Herbstblüher wie Dahlien, Indisches Blumenrohr, Gladiolen und Knollenbegonien, aber auch Freesien lassen keine Experimente zu. Sie sind sicher nicht frosthart. Diese Pflanzen sollten deshalb im Herbst aus dem Boden genommen werden. Gehen Sie beim Einwintern folgendermaßen vor:

- Schneiden Sie die Stiele im Herbst (der genauere Zeitpunkt ist in der Tabelle rechts bei der jeweiligen Art vermerkt) etwa 5–10 cm über der dem Wurzelansatz ab. Dieser Abstand ist wichtig, damit die Knolle nicht von oben her eintrocknet.
- Heben Sie die Knollen mit der Grabegabel aus dem Erdreich. So besteht die geringste Gefahr, dass Sie sie verletzen. Binden Sie jetzt bereits Sortenschilder oder farbige Wollfäden an die Knollen, die der Blütenfarbe entsprechen. Wenn Sie mehrere Sorten haben, können Sie so Verwechslungen vermeiden. Denn zum Pflanzzeitpunkt sind die Knollen und Zwiebeln nicht zu unterscheiden.
- Lassen Sie die Knollen einige Tage zum Abtrocknen im Beet oder an einem anderen Platz liegen. Frostfrei muss er auf jeden Fall sein.
- Schütteln Sie überschüssige Erde vorsichtig ab, Sie brauchen nicht alles entfernen! Die Erde schützt vor Austrocknung.
- Untersuchen Sie die Knollen vor dem Einlagern genau: Faulstellen müssen Sie wegschneiden und alle Schnittstellen hinterher mit Holzkohlepulver desinfizieren.
- Jetzt kommen die Knollen ins Winterquartier. Welcher Platz sich dafür eignet, ist rechts beschrieben. Um gegenseitiger Ansteckung mit Fäulnis vorzubeugen, sollten sich die Knollen im Lager nicht berühren.

- Untersuchen Sie den Winter über die Knollen im Abstand von einigen Wochen immer wieder auf ihren Gesundheitszustand: Entfernen Sie faulige Knollen, sorgen Sie mit einem Wassersprüher für etwas Feuchtigkeit, wenn sie zu sehr verschrumpeln.
- Japan-Orchideen *(Bletilla)*, Montbretien *(Crocosmia)* und Pfauenlilie *(Tigrida pavonia)* sollten Sie wie Indisches Blumenrohr behandeln, die Wunderblume *(Mirabilis jalapa)* wie eine Dahlienknolle.
- Im Handel gibt es Begonien- und Dahlienarten, die keine Knollen ausbilden. Jahr für Jahr müssen sie nachgekauft und ausgepflanzt werden. Also bitte nicht enttäuscht sein, wenn Ihnen das passiert!

So werden nicht winterharte Zwiebeln behandelt

Pflanze	Aus der Erde	Vortreiben	Vermehren	Nach draußen
Indisches Blumenrohr *(Canna indica)*	Vor dem ersten Frost	Ab März 5–7 cm tief in Töpfen mit nährstoffreicher Erde, hell bei 12–15 °C, Erdreich feucht halten!	Teilen Sie große Wurzelknollen in Abschnitte mit bis zu 5 Augen	Ab den Eisheiligen, sehr frostempfindlich
Dahlie *(Dahlia)*	Ab Oktober weniger gießen, das fördert die Wasserspeicherung der Knolle, nach dem ersten Frost noch eine Woche im Boden lassen	Ab Ende März in Töpfe und diese warm und hell stellen, evtl. vorhandene Austriebe vor dem Pflanzen auf zwei Blattpaare einkürzen, noch schlafende Knollen mehrere Stunden in lauwarmes Wasser legen	Teilen Sie in Abschnitte mit wenigstens einem Auge am Wurzelhals	Ab Ende April, tiefer Bodenfrost wird den Knollen nicht mehr gefährlich, auf Blattläuse achten! Mit der Hand abstreifen oder mit einem Wasserstrahl abspritzen.
Gladiole *(Gladiolus)*	Vor dem ersten Frost	Nicht notwendig	Brutknöllchen im Herbst abtrennen und ab Frühjahr in Extrabeet pflanzen	Ab April in 10 cm Tiefe, in leichtem Boden etwas tiefer
Knollenbegonie *(Begonia-*Hybriden*)*	Nach dem Welken des Laubs	Ab Anfang März in nährstoffreicher Erde, Knollen nur andrücken, bei 18–22 °C hell stellen	Vermehrung über Stecklinge oder durch Teilen großer Knollen, Teilstücke mit Auge, Schnittfläche abtrocknen lassen	Nach den Eisheiligen

Das richtige Lager

Kühl, aber nicht frostig; trocken, aber nicht zu trocken: Die Lagerung der Knollen erfordert ein gewisses Fingerspitzengefühl, denn jeder Aufbewahrungsort ist in punkto Temperatur und Feuchtigkeit anders. Ideal sind Temperaturen zwischen 5 und 10 °C, eine höhere Temperatur kann man durch eine etwas höhere Feuchtigkeit bis zu einem bestimmten Grad ausgleichen. Verschiedene Möglichkeiten kommen dazu in Frage. Packen Sie die Knollen locker in Zeitungspapier und stapeln Sie sie in einer Holzkiste. Auf diese Weise können sie – falls nötig – nachtrocknen, sind aber gleichzeitig vor Verdunstung geschützt. Plastikkisten oder Pappkartons eignen sich nicht zur Aufbewahrung, da gelangt zu wenig Luft an die Pflanzen. Gute Erfahrungen, besonders bei wärmeren Lagertemperaturen, haben wir auch mit Holzkisten, gefüllt mit Laub, Torf, Sand oder Sägespänen gemacht. Hier muss das Lagermedium allerdings immer wieder etwas angefeuchtet werden! Wenig geeignet ist Sägemehl, da die Knollen darin nicht »atmen« können. An einem Platz mit geringer Luftfeuchtigkeit können Sie 4 bis 5 Knollen (nicht *Canna*, die vertragen das nicht!) zum Schutz vor dem Austrocknen in einen Plastikbeutel packen und diesen dann aufhängen. Vergessen Sie nicht, einige Luftlöcher hineinzustoßen!

Etwas ausgetrocknete Knollen kann man in Wasser quellen lassen. Dann treiben sie schneller aus.

Vom richtigen Pflanzzeitpunkt

Manche Zwiebelblumen müssen im Herbst aus dem Beet, für die frostharten, die auch in Zukunft den Winter über draußen bleiben, ist der Zeitraum zwischen September und Mitte/Ende November gut zum Auspflanzen geeignet. Im Spätsommer sind als Erstes Herbstblüher wie Safran dran, aber auch Madonnenlilien, Kaiserkronen, Schneeglöckchen, Märzenbecher und Blaustern. Ihre Speicherorgane leiden, wenn sie zu lange gelagert werden – also möglichst bald in die Erde damit! Etwas später folgen die Frühjahrsblüher wie Tulpen, Narzissen, Zierlauch oder Krokus. Den Abschluss im Spätherbst (Oktober–November) bilden dann die asiatischen und orientalischen Lilien. Sie mögen es, wenn der Boden schon abgekühlt ist und die Temperaturen nicht mehr über 5 °C steigen. Wichtig ist, dass die Zwiebeln noch Zeit haben, sich vor dem Winter zu etablieren, d. h. Wurzeln auszubilden.

So ist die Pflanzung erfolgreich

Alle Zwiebel- und Knollenpflanzen mögen einen gut durchlässigen Boden, in dem sich das Wasser nicht staut; andernfalls besteht die Gefahr,

dass die Wurzeln faulen. Böden mit schlechtem Wasserabzug sollten Sie mit Sand oder feinem Splitt auflockern, denselben Effekt erzielen Sie mit Kompost.
Bei den winterharten Zwiebeln, die im Herbst gepflanzt werden, gibt die Zwiebelgröße vor, wie tief sie in den Boden kommen: Als Regel gilt, dass sie doppelt so tief gepflanzt werden, wie die Zwiebel hoch ist, wobei ab Zwiebelspitze gemessen wird. Je tiefer die Zwiebeln gesetzt werden, umso später blühen sie.

Achtung! Fäulnisgefahr!

Die Gefahr des Verfaulens besteht übrigens nicht nur im Winter bei einem wassergesättigten Boden, sondern auch im Sommer. Sind die Zwiebelblumen verblüht, gehen sie in eine Ruhephase über, in der sie Kraft fürs nächste Jahr sammeln. Ist der Boden im Beet feucht, weil dort Sommerblumen und -stauden wachsen und natürlich Feuchtigkeit benötigen, so beginnen sie zu faulen. Sind Ihre Zwiebeln gefährdet, können Sie sie, wenn die Blätter vergilbt sind, vorsichtig mit der Grabegabel ausgraben und den Sommer über an einem schattig-kühlen Platz lagern. Allen Blumenzwiebeln, egal ob Sie sie im Beet belassen oder herausnehmen, sollten Sie aber genügend Zeit lassen, die Reservestoffe aus den oberirdischen Pflanzenteilen in der Zwiebel einzulagern. Schneiden Sie deshalb nur verwelkte Blüten ab, nicht aber Stiele oder grüne Blätter. Im Herbst werden die Zwiebeln dann wieder eingepflanzt.

Vorsicht mit vorweihnachtlichen Schnäppchen!

Gerade kurz vor Weihnachten sind die Blumenzwiebeln besonders günstig zu haben und immer wieder ist man versucht, sie gerade bei mildem Wetter noch schnell zu stecken. Häufig schadet dies den Zwiebeln aber eher, als dass es ihnen nutzt. Setzt jetzt Frost ein, dann faulen die Zwiebeln oft einfach weg, im günstigsten Fall kommt die Zwiebel durch den Winter und blüht sogar noch. Dann aber kann sie aufgrund des schlechten Wurzelsystems nicht mehr genug Reservestoffe einlagern – im nächsten Frühjahr bleibt die Blüte dann einfach aus, und Sie ärgern sich.

Traubenhyazinthen eignen sich gut für die Topfkultur. Drinnen verbreiten sie einen intensiven Duft.

Tipp zum Kauf

Blumenzwiebeln sollten außen unversehrt sowie schimmel- und pilzfrei sein. Auf Druck sollten sie nicht nachgeben! Lässt sich die Spitze eindrücken, so kann die Narzissenfliege die Zwiebeln von Narzissen, Amaryllis, Hyazinthen, Märzenbechern oder Schneeglöckchen befallen haben. Solche Zwiebeln sollten Sie natürlich nicht kaufen.

Die ersten Blüten der Zwiebelblumen – hier ein Winterling *(Eranthis hyemalis)* sind für Insekten eine wichtige Quelle von Nektar und Pollen.

Alternativ können Sie die Zwiebeln in Töpfe mit relativ magerer Gartenerde und einer Dränageschicht pflanzen. Stellen Sie die Töpfe kühl (bei 5 °C – 8 °C) und dunkel. Höhere Temperaturen führen dazu, dass die Zwiebeln im Frühjahr nicht blühen. Bei zu tiefen Temperaturen bilden sich keine oder nur wenige Wurzeln. Zurückhaltend gießen, das Erdreich darf keinesfalls nass sein (Fäulnisgefahr).
Verbringen die Töpfe den Winter draußen, so sollten Sie sie in eine geschützte Ecke stellen. Bewährt haben sich auch Unterlagen aus Styropor, das isolierend wirkt. Bei starkem Frost sollten Sie die Töpfe zusätzlich mit einer dicken Decke aus Laub und Reisig abdecken. Steht ein Frühbeet oder ein Folientunnel in Ihrem Garten, so können Sie die Töpfe auch darin unterbringen – hier sind sie vor zu viel Nässe geschützt. Nach 6 bis 10 Wochen hat sich ein Wurzelgeflecht gebildet, die Töpfe können bei Frostfreiheit dort ausgepflanzt werden, wo die Zwiebeln später blühen sollen.

Ein gefundenes Fressen

Für Wühlmäuse stellen die stärkereichen Knollen und Zwiebeln ein gefundenes Fressen dar. Die Schäden sind leicht zu erkennen: Aus heiterem Himmel welken die Pflanzen innerhalb weniger Stunden, manchmal werden die grünen Triebe regelrecht unter die Erde gezogen. Besonders Tulpen und Krokusse sind beliebt, Narzissen bleiben meist unbehelligt. Pflanzen Sie sie deshalb in einem schützenden Gitter aus Plastik oder Metall in den Boden – so kommen die Tiere nicht an sie heran. Die Maschenweite darf nicht über 5 mm liegen, der obere Rand sollte mit der Erdoberkante abschließen! Angenehmer Nebeneffekt: Arten, die nach der Blüte aus dem Boden müssen, zieht man im Korb mitsamt dem kompletten Tuff aus der Erde, Sie müssen nicht auf »Zwiebelsuche« gehen. Als wenig wirkungsvoll haben sich Ultraschallgeräte oder der Anbau von Kaiserkronen erwiesen. Weitere Tipps zum Thema Wühlmäuse sowie zu den ebenfalls an Zwiebelblumen interessierten Schnecken finden Sie auf Seite 56.

Achtung Frost

Können Sie es im Frühling auch kaum erwarten, wieder frisches Grün um sich zu haben? Und schließlich gibt es ja schon ab Ende Januar Primeln und Zwiebelpflanzen im blühenden Zustand zu kaufen.
Hier ist aber Vorsicht geboten! Diese Pflanzen wurden im Gewächshaus vorgetrieben und erfrieren bereits bei Temperaturen wenig unter dem Gefrierpunkt. Primeln, Vergissmeinnicht und Gänseblümchen sind besonders empfindlich. Nur in Kübeln sollten Sie sie nach draußen stellen, bei Frostgefahr müssen sie schnell ins Haus gebracht werden. Zwiebelblüher sollten Sie besser im knospigen Zustand kaufen. So sind Sie robuster und ertragen einige Minusgrade. Mit Stiefmütterchen gehen Sie auf Nummer sicher. Sie lassen die Blüten nach einer Frostnacht hängen, erholen sich aber immer wieder gut, wenn die Pflanzen im gefrorenen Zustand nicht berührt werden.

Körbe aus feuerverzinktem Draht schützen die Zwiebeln vor Wühlmäusen. Die Stängel wachsen problemlos durch die Maschen. In gefährdeten Gebieten lohnt sich diese Investition.

Frostschäden

Ist Ihnen das auch schon passiert? Sie haben das Thermometer kontrolliert und den Wetterbericht gehört – dennoch lassen nun eine oder mehrere Pflanzen schlapp die Flügel oder besser die Blätter hängen, weil sie Frost abbekommen haben. Wie groß der entstehende Schaden ist, hängt von verschiedenen Faktoren ab:

- **Von der Pflanzenart**
  Meist werden einheimische Pflanzenarten weniger durch Kälteschäden geschädigt als solche aus mediterranen oder gar (sub-)tropischen Gefilden. Inzwischen ist der Faktor »Winterhärte« ein wichtiger Faktor bei der Bewertung von Stauden und Gehölzen.
- **Von der Geschwindigkeit, mit der die Temperatur sinkt**
  Gerade winterharte Pflanzen erholen sich relativ gut, wenn die Temperatur erst langsam und stetig fällt und dann genauso langsam wieder ansteigt. Die größten Frostschäden sind zu erwarten, wenn im ausgehenden Winter und beginnenden Frühjahr die Außentemperatur nachts langsam knapp unter den Gefrierpunkt fällt, am nächsten Tag aber schlagartig bis auf mehrere Grade über Null

Dieser Schneeball *(Viburnum tinus)* leidet an Frosttrocknis. Hier hätte man rechtzeitig gießen sollen.

ansteigt. Das kann besonders dann passieren, wenn direktes warmes Sonnenlicht auf das gefrorene Gewebe fällt.

- **Vom Alter des Gewebes, das dem Frost ausgesetzt ist**
  Zu Schäden an den Pflanzen kann es vor allem kommen, wenn sie sich im Herbst noch in der Wachstumsphase befinden. Verantwortlich für den verspäteten Triebabschluss kann eine zu späte Düngung mit Stickstoff oder ein Nottrieb nach einem vorzeitigen Laubabfall, verursacht etwa durch Hagel oder Schädlingsbefall, sein. Im Frühjahr gefährden oft Spätfröste die Blüten zeitig blühender (Obst-)Gehölze. Zur Fruchtbildung kommt es dann nicht. Die zarten Triebe sind oft zusätzlich durch eindringende Pilze und Bakterien gefährdet.
- **Von der Art des Gewebes, das dem Frost ausgesetzt ist**
  Auch Wurzeln sind frostempfindlich – deshalb sind Pflanzen, die in einem Topf kultiviert werden, besonders häufig von Kälteschäden betroffen. Blüten schadet Frost mehr als Knospen. Bei Palmen ist das Herz der kritische Punkt, wie bei allen Pflanzen, die nur eine zentrale Wachstumszone haben: Erfrierungen hier führen zum Tod der Pflanze.

Schützender Tau

Bildet sich Eis auf der Außenseite der Pflanze, so sind die Frostschäden eher gering. Dies kann beispielsweise passieren, wenn sich vor dem Nachtfrost Tau bildet. Gefriert der Tau, so wird dabei Wärme frei. Dies hilft, das darin eingeschlossene Pflanzengewebe zu schützen, denn wenn in diesem Fall der Tau von außen nach innen gefriert, kann eine Wasserschicht zwischen Eis und Blatt oder Blüte als Isolierung wirken. Gerade wenn Frost in Obstbaumplantagen droht, macht man sich dieses Prinzip zunutze: Man sprüht Wasser über die Blüten, sodass sie kurzfristig Temperaturen unter dem Nullpunkt aushalten.

Gefrorene Pflanzen sollten Sie wie die sprichwörtlichen rohen Eier behandeln. Berühren Sie Blätter und Triebe nicht, sie könnten leicht abbrechen. Stiefmütterchen- und Narzissenknospen richten sich von selbst wieder auf, wenn sie aufgetaut sind.

Sorgen Sie immer dafür, dass die Pflanzen so langsam wie möglich auftauen. Besprühen Sie gefrorene Pflanzen noch bevor die wärmende Sonne aufgeht mit Wasser, dadurch erwärmen sie sich langsamer. Der Schaden kann dadurch verringert werden.

Alternativ können Sie die Triebe auch schattieren. Nehmen Sie die Schattierung erst wieder ab, wenn auch der Wurzelballen aufgetaut ist! Achten Sie auf helle Materialien, ein dunkles Tuch würde viel Sonne absorbieren und den Schaden noch vergrößern! Kübelpflanzen stellen Sie an einen schattigen Platz und lassen sie dort auftauen.

Haben Sie Geduld

Geben Sie scheinbar erfrorenen Pflanzen ausreichend viel Zeit, um sich wieder zu erholen. Oft treiben sie aus unterirdischen Augen wieder aus. Ein Hibiskus im Topf ließ sich bei mir nach Erfrierungen bis August Zeit – erst dann trieben wieder Blätter. Geblüht hat er dann im Wintergarten.

Kaltkeimer – manche mögen's kalt

Haben Sie sich etwa schon gewundert, dass Samen, die Sie nach dem Winter ausgesät haben, einfach nicht keimen wollten? Vielleicht haben Sie sogenannte Kaltkeimer erwischt, die gerade auf Frosteinwirkung angewiesen sind, um zu keimen! Viele in kalten Regionen heimische Pflanzen haben nämlich Strategien entwickelt, die eine Samenkeimung verhindern, bevor sie eine Kälteperiode erlebt haben. So wird vermieden, dass bereits im Herbst ausgereifte Samen auskeimen und die zarten Sämlinge dann im Winter erfrieren. Aber wenn diese kalte Periode fehlt, dann passiert einfach nichts…

Die Samen von Kältekeimern sind mit keimhemmenden Substanzen und einer härteren Samenschale ausgestattet. Erst nach dem Einwirken von tieferen Temperaturen sind sie bereit zum Keimen. Das heißt aber nicht, dass Sie mit der Aussaat von frisch geernteten Kaltkeimer-Samen bis zum Winter warten sollen! Bringen Sie die Samen kurz nach der Ernte aus.

Christrosen *(Helleborus)* gehören zu den Kaltkeimern. Samen am besten gleich nach der Ernte aussäen!

Winter verpasst?

Wenn Ihnen dieses Verfahren zu kompliziert ist oder wenn Sie schlicht und einfach den richtigen Aussaattermin verpasst haben, können Sie die Aussaatschale, eingepackt in einen Plastikbeutel, oder die vorgequollenen Samen in einem Sand-Torf-Gemisch auch einfach zwei bis drei Wochen im Kühlschrank aufbewahren. Allerdings nicht im Gefrierfach! Hier würden die Samen erfrieren, denn solche extremen Minusgrade ertragen sie nicht. Ganz wichtig: Es muss genügend Feuchtigkeit vorhanden sein, allein Kälte genügt nicht. Kontrollieren Sie ständig den Keimungsprozess, damit Sie den richtigen Aussaatzeitpunkt nicht verpassen!

Für Ungeduldige gibt es Samen, die vom Hersteller bereits mit Kälte vorbehandelt sind. Zur Markierung sind ein paar Samen je Tüte mit Goldfarbe überzogen. Diese Samen kommen direkt in die Aussaatschale. Feucht gehalten dauert es auf der warmen Fensterbank statt Monate nur etwa zehn Tage bis zu den ersten Keimlingen, die sehr gleichmäßig mit hoher Keimrate erscheinen. Anschließend werden sie kühler und sehr hell weiter kultiviert.

So säen Sie ein

- Legen Sie die Samen für ein bis zwei Wochen bei Zimmertemperatur auf ein feuchtes Wattebett.
- Säen Sie die Samen dann im Beet oder in Saatschalen aus. Die Erde darin sollte fein und nährstoffarm sein, damit die Keimlinge zur Wurzelbildung angeregt werden. Achten Sie darauf, dass kein Wasser im Beet oder in den Saatschalen steht, diese Staunässe mögen Pflanzen nicht.
- Bringen Sie die Samen dünn und gleichmäßig verteilt aus. Lichtkeimer werden nicht mit Erde bedeckt, sondern nur mit wenig feuchtem Sand bestreut. Dunkelkeimer müssen Sie unbedingt mit Erde bedecken. Am besten zwei- bis viermal so viel Erde wie der Samen dick ist.
- Drücken Sie dann das Saatgut und die Erde leicht an.
- Gießen Sie mit einer feinen Brause an, damit das Saatgut nicht weggeschwemmt wird. Alles sollte gut durchtränkt sein. Auch in Zukunft müssen Sie darauf achten, dass die Samen nicht austrocknen.
- Jetzt stellen Sie die Saatkisten in einen Frühbeetkasten oder ein kleines Gewächshaus. Bleiben die Kästen im Freien, so wirkt sich eine Schneeschicht positiv auf die Keimung aus, da das Schmelzwasser die Schale porös macht. Bei Schneefall können Sie deshalb die Fenster des Frühbeetkastens öffnen und die Samen einschneien lassen. Zu große Temperaturschwankungen sollten Sie vermeiden, Temperaturen zwischen –4 und +4 °C sind ideal, mindestens sechs Wochen sollten die Samen diesen Bedingungen ausgesetzt sein. Zum Schutz vor zu viel Nässe und Austrocknung können Sie die Saatschalen mit einer Folie bedecken. Haben Sie mit Mäusen oder Vögeln zu kämpfen, so sichern Sie Beet oder Saatkiste mit einem engmaschigen Netz.
- Im Frühjahr stellen Sie die Samen langsam wärmer. Ideal sind Temperaturen zwischen +5 und +12 °C. Machen Sie sich keine Sorgen, wenn sich nicht gleich junge grüne Triebe zeigen, Pfingstrosen benötigen bis zu zwei Jahre bis zur Keimung.
- Pikieren Sie die Pflanzen spätestens dann, wenn sich zwei Blattpaare entwickelt haben. Einige Stunden vorher sollten Sie die Keimlinge nochmals gut gießen, sodass sie sich richtig vollsaugen können. Sie können die Wurzelbildung fördern, wenn Sie die Hauptwurzel um etwa ein Drittel mit dem Pikierstab einkürzen.
- Achten Sie darauf, dass die Blätter immer etwas über der Erde stehen. So vermeiden Sie Fäulnispilze.
- Typische Kaltkeimer sind:
  Adonisröschen, Akelei, Bärlauch, Buschwindröschen, Christrose, Duftveilchen, Eisenhut, Enzian, Frauenmantel, Iris, Kuhschelle, Lampionblume, Phlox, Primeln, Roter Sonnenhut, Scheinmohn, Silberkerze, Tränendes Herz, Trollblume, Waldmeister.

Pflanzenschutz draußen

Im Winter ruht nicht nur der Garten. Schädlinge fallen in Winterstarre oder legen im Herbst Eier ab. Schadorganismen wie Pilze kommen in Form von Sporen auf altem Laub oder auf Wirtspflanzen über den Winter. Einer der wenigen winteraktiven Schädlinge ist allerdings die Wühlmaus.

In der kalten Jahreszeit sind nur wenige Pflanzenschutzmaßnahmen notwenig oder sinnvoll. Schließlich macht der Einsatz der meisten Pflanzenschutzmittel nur dann Sinn, wenn die Schadorganismen aktiv sind – und das ist im Frühjahr oder Sommer. Viele Wirkstoffe sind außerdem erst ab bestimmten Temperaturen wirksam.

Trotzdem können Sie im Winter in einigen Fällen dafür sorgen, dass die Krankheiten im nächsten Jahr nicht überhand nehmen. Sie können beispielsweise

- Pilze bekämpfen, die als Sporen (das sind die Vermehrungsorgane) auf altem Laub oder in Trieben überwintern;
- die Eiablage von schädlichen Raupen verhindern und
- aktiv die Wühlmaus bekämpfen.

Pilzbefall im Winter

Hier werden nur Erreger aufgezählt, die übergreifend bei mehreren im Kapiteln erwähnten Pflanzengattungen auftreten. Ganz spezielle Schadsymptome, die beispielsweise nur bei den Rosen auftreten, werden dort besprochen (siehe Seite 33).

Birnengitterrost: Es gibt kaum noch eine Birne, die nicht mit rostroten Flecken des Birnengitterrosts befallen ist. Machen kann man wenig dagegen, denn die Sporen des Pilzes überwintern auf Wacholder. Nehmen Sie den Befall am besten ganz gelassen hin.

Echter Mehltau: Dieser »Allerweltspilz« besiedelt Apfelbäume, Johannisbeeren, Rosen und viele andere. Seine Pilzsporen überwintern zwischen den Knospenschuppen. Triebe, die aus ihnen im Frühjahr herauswachsen, sind schon infiziert. Schneiden Sie deshalb im Spätwinter verdächtige Triebe mit weißem Belag ins gesunde Holz zurück.

Kiefernblasenrost: Dieser Rostpilz bildet an der Rinde von Zweigen von fünfnadeligen Kiefern gelb-rote Sporenlager. Schneiden Sie befallene Äste heraus, sobald dies ersichtlich ist.

Monilia: Dieser Pilz ist im Winter an verschrumpelten Fruchtmumien im Baum gut zu erkennen. Entfernen Sie sie, so gut Sie können. Sie sind wichtige Infektionsherde. Sorgen Sie durch Schnitt für eine lichtere Krone, da hohe Luftfeuchtigkeit die Verbreitung begünstigt.

Bei Kirschen und Mandelbäumen erscheint der Pilz auch als Triebspitzendürre. Diese vertrockneten Triebe sollten Sie das ganze Jahr über bis ins gesunde Holz zurückschneiden, sobald Sie diesen Pilz erkennen. Gelegentlich werden auch Aprikosen, Quitten, Äpfel, Birnen und Forsythien befallen.

Schwarzfleckenkrankheit: Treten an Christrosen schwarze, scharf abgegrenzte Blattflecken auf, so sollten Sie sie abschneiden und auf dem Kompost entsorgen. Meist tritt die Krankheit auf

feuchten Böden und bei Kalkmangel auf. Sie können die Christrosen umpflanzen und/oder kalken.
Sternrußtau: Siehe Seite 33.

Sinnvolle Prophylaxe

Laub eignet sich im Garten als Abdeckmaterial (Seite 29). Von Krankheiten befallenes Laub kann jedoch ein Infektionsherd für die nächste Wachstumperiode sein.
Die mit den Erregern von Mehltau, Braunfäulen, Fruchtfäulen und Blattflecken befallenen Pflanzenteile können Sie auf dem Kompost entsorgen. Sie überstehen die dort sich entwickelnde Wärme nicht. Auf keinen Fall sollten Sie das Laub aber im Garten herumliegen lassen. Krankheiten, die zuerst im Boden oder an den Stängeln entstehen, entsorgen Sie besser mit dem Hausmüll, ebenso mit Feuerbrand infizierte Äste und Zweige. Mit dem Laub entfernen Sie auch Schädlinge wie Spinnmilben und Minierfliegen, die sich im abgefallenen Laub verstecken. Besonders sorgfältig sollten Sie beispielsweise die von der Miniermotte befallenen Blätter der Kastanie beseitigen. Auf dem Kompost müssen sie mindestens 10 Zentimeter hoch mit Erdreich abgedeckt werden. Oder Sie geben sie gleich in den Hausmüll. Miniergänge kann man im Gegenlicht auch an Immergrünen gut erkennen. Kirschlorbeer und Ilex werden gern befallen. Entfernen Sie die Blätter am besten im Winter, da sich die Tiere meist im Frühjahr verpuppen. Sie können aber auch Pflanzenschutzmittel auf Neem-Basis gegen sie einsetzen. Nicht nur im Winter, sondern das ganze Jahr über sollten Sie Ziergehölze nach abgestorbenen Zweigen und Trieben, die auf Holz- und Rindenkrankheiten hinweisen, unter-

Der Monilia-Pilz überwintert in den Früchten: Befallene Exemplare sollten Sie entfernen.

Miniermotten überwintern in den Blättern der Kastanie. Entfernen Sie deshalb befallenes Laub gründlich.

suchen. Verdächtige Teile sollten Sie bis ins gesunde Holz herausschneiden.
Viele Blattläuse und Schadschmetterlinge überstehen die kalte Jahreszeit in Form von Wintereiern, die im Herbst an geschützten Stellen der Wirtspflanze abgelegt werden. Ringelspinner, Gespinstmotten und Eichenprozessionsspinner gehören zu ihnen. Finden Sie diese Gelege im Winter, sollten Sie sie abkratzen oder zerdrücken. So wird auf jeden Fall im nächsten Jahr die Erstbesiedlung verzögert.

Tierische Schädlinge im Winter

Schnecken

Alle Schnecken verkriechen sich im Herbst oder Frühwinter in die Erde. Ideale Quartiere für erwachsene Tiere und ihre Eier sind locker gehackte Beete, die mit Laub oder Mulch abgedeckt werden. Nehmen die Schnecken überhand, dann

- sollten Sie im Herbst als Falle einige Bretter an einer schattigen Stelle auslegen. Die dort abgelegten Eier – sie sehen aus wie kleine durchsichtige Kugeln – können Sie mit heißem Wasser übergießen oder im Müll entsorgen.
- sollten Sie eine Weile nicht mulchen.
- graben Sie betroffene Beete im Frühwinter grobschollig um, und zwar nicht zu früh, erst wenn die Schnecken bereits in Winterruhe sein. Dadurch gelangen erwachsene Tiere und Eier an die Oberfläche und erfrieren bei Frost. Im Frühjahr harken Sie die Erde wieder fein, sodass die übrig gebliebenen Schnecken keine Verstecke mehr finden. Sie können sie dann anködern oder fangen.

Blattläuse: Mit den sinkenden Temperaturen im Herbst beginnen die Blattläuse Eier an jungen Trieben vom letzten Sommer oder unter der Rinde von Stämmen abzulegen. Dort überstehen sie die kalte Jahreszeit recht gut.
Durch einen Rückschnitt der Gehölze im Frühjahr werden viele »Nester« entfernt, der Stammanstrich (siehe Seite 26) reduziert die überwinterten Eier. Bekämpfen Sie nicht gleich den ersten Blattlausbefall im Frühling mit Pflanzenschutzmitteln. Haben Sie Geduld und vertrauen Sie auf Nützlinge, die sich bestimmt bald einstellen.
Goldafter, Prozessionsspinner: Ihre Raupen überdauern den Winter in einem aus einem Gespinst bestehenden Nest, das häufig an Obstgehölzen, an Eiche oder am Weißdorn zu finden ist. Tragen Sie beim Entfernen der Raupennester Handschuhe und Schutzkleidung. Die Raupen besitzen Brennhaare, die an der Haut und auf den Schleimhäuten Allergien auslösen!
Sitkafichtenlaus: Sie saugt vor allem an Fichtennadeln, die dann verbraunen und abfallen. Wird der Schaden offensichtlich, ist die Sitkalaus schon auf andere Pflanzen abgewandert. Deshalb ist eine Bekämpfung noch vor dem Austrieb notwenig. Kontrollieren Sie die Fichten mit der sogenannten Klopfprobe: Dazu halten Sie ein weißes Blatt Papier unter einen Fichtenzweig und schütteln. So wird die Blattlaus mit den roten Augen sichtbar. Liegen mehr als fünf Tiere darauf, spritzen Sie mit einem ölhaltigen Mittel bei über 5 °C.
Frostspanner: Siehe Seite 28.
Wühlmäuse: Keine Maus richtet an den Pflanzen so viel Schaden an wie die Wühl- oder Schermaus. Besprechen Sie Bekämpfungsmaß-

Maulwurf- und Wühlmaushügel unterscheiden

Maulwurf	Wühlmaus
Hügel ist spitz, kegelförmig	Hügel flach mit Pflanzenresten durchsetzt
Gänge flach oval	Gänge hoch oval
geschützt, er darf nicht bekämpft werden, vertilgt viele Larven	fressen Wurzeln von Stauden, Gehölzen, aber auch von Wildkräutern, z. B. Quecken, Insekten

nahmen immer mit den Nachbarn, vielleicht können Sie sich zusammen tun, denn Wühlmäuse überwinden jede Gartengrenze. Die Tiere lieben bodenfeuchte Regionen, ungemähte Wiesen und dick gemulchte Flächen. Ihnen schmecken Blumenzwiebeln, wie Tulpen und Schneeglöckchen, aber auch Äpfel, wie Cox Orange und Renetten, unter den Ziergehölzen gehören Clematis und Rosen zu den Leibspeisen. Wer Wühlmäuse loswerden möchte, sollte gefährdete Pflanzen in Körbe pflanzen. Auch Maschendrahtzäune, die bis 60 cm tief eingegraben werden und etwa 40 cm über den Boden herausragen, gelten als wirkungsvolle Grenze. Kasten- und Tunnelfallen eignen sich besonders gut zur Wühlmausbekämpfung, weil die Maulwürfe sie meiden. Zangenfallen sind ebenfalls wirkungsvoll, aber nur wenn Sie genau die Bedienungsanleitung beachten. Giftköder sind am wirkungsvollsten in der nahrungsarmen Jahreszeit. Ansonsten werden die Lockspeisen oft nur eingelagert. Giftköder müssen so ausgebracht werden, dass keine anderen Tiere gefährdet werden.

Tragen Sie bei Bekämpfungsmaßnahmen immer Stoffhandschuhe. Wühlmäuse haben ein empfindliches Riechorgan und nehmen auch Stunden später den Menschengeruch wahr.

Erdhügel im Garten lassen Wühlmäuse vermuten, doch es kann sich dabei auch um den Maulwurf handeln. Der Maulwurf ist geschützt und gehört zu den Nützlingen im Garten, denn er vertilgt unzählige Larven und Würmer im Untergrund. Trotzdem kann er natürlich lästig werden, wenn er den ganzen Rasen mit seinen Haufen »verschönert«. Meistens verschwindet der Maulwurf, wenn die Fläche häufig betreten wird – also gestatten Sie Ihren Kindern ruhig öfter mal ein Fußballspiel auf dem Rasen!

Der Maulwurf zählt zu den Nützlingen im Garten, außerdem steht er unter Naturschutz. Also niemals töten, höchstens vergrämen!

Spezielle Gartenbereiche

Teich und Boden reagieren dankbar, wenn sie gut gerüstet und vorbereitet in die kalte Jahreszeit gehen. Und auch unser Rasen will pfleglich behandelt werden, wenn er im nächsten Jahr wieder in frischem Grün erstrahlen soll. Die Tiere – allen voran die Vögel – brauchen jetzt ebenfalls unsere wohldosierte Fürsorge.

Guter Boden – tut Pflanzen gut

Im Herbst werden überall die Äcker umgepflügt. Ehe Sie nun selbst zum Spaten greifen, sollten Sie sich noch etwas zu gedulden. Jetzt ist der beste Zeitpunkt für eine Bestandsaufnahme Ihrer Gartenerde: Eine Bodenanalyse, die Sie ganz leicht in einem Labor oder einem Gartencenter in Auftrag geben können, gibt Ihnen Aufschluss über Bodenart, Humus- sowie Nährstoffgehalt Ihres Gartens. Mit den Ergebnissen können Sie dann gezielt Maßnahmen einleiten, um die Wuchsbedingungen für Ihre Pflanzen zu verbessern – gerade vor dem Winter gibt es dazu verschiedene Möglichkeiten.

Umgraben – ja oder nein?

Ob Umgraben die Bodenstruktur verbessert, wird unter Gärtnern immer wieder kontrovers diskutiert. Gegner des Umgrabens verweisen darauf, dass der Bodenkörper stockwerkartig aufgebaut ist und ganz unterschiedliche Lebewesen in den jeweiligen Schichten leben. Wird deren »Welt« auf den Kopf gestellt, gerät das ganze Gefüge durcheinander. Zudem fördert der offene Boden, der über den Winter nicht mit einer schützenden Pflanzenschicht bedeckt ist, den Abbau des wertvollen Humus. Eines ist allerdings klar: Schwerer, toniger Boden muss in regelmäßigen Abständen gelockert werden, um das Grobporenvolumen in der Erde zu fördern, Verdichtungen zu beseitigen und den Gasaustausch zu fördern. Wie sollten Sie sich also entscheiden?

- Enthält der Boden wenig Humus, sollten Sie auf Umgraben ganz verzichten.
- Leichte und reichlich mit Humus versorgte Böden lassen sich mit der Grabegabel oder dem Sauzahn gut bearbeiten. Stechen Sie die Zinken nur möglichst tief ein und »ruckeln« Sie dann. Den Sauzahn ziehen Sie kreuzweise über die Fläche.
- Bei schweren und tonreichen Böden ist es hilfreich, wenn man die Fläche grobschollig mit dem Spaten umbricht und darauf wartet, bis diese Schollen vom Frost gesprengt werden. Frostgare nennt man diesen Vorgang.

Der optimale Zeitpunkt

Bei nasser Witterung, wenn die Erde mit Wasser gesättigt ist, sollten Sie nie den Boden bearbeiten, weder mit der Grabgabel noch mit dem Spaten. Warten Sie lieber bis zum nächsten Frühjahr oder bis zum ersten leichten Bodenfrost. Graben Sie erst Ende November um, hat das noch weitere Vorteile: Zu diesem Zeitpunkt sind die Schnecken nicht mehr aktiv und können so die neu entstehenden Hohlräume nicht zur Eiablage oder als Unterschlupf nutzen. Der »gute Freund des Gärtners«, der Regenwurm, hat sich dagegen bereits in tiefere Bodenschichten zurückgezogen und wird durch die Bodenbearbeitung nicht gestört.

- Wurzelunkräuter wie Quecke, Giersch oder Winde sollten Sie bei dieser Gelegenheit mitsamt der Wurzel herausziehen. Arbeiten Sie sorgfältig: Selbst aus kleinsten Wurzelstücken treiben sie wieder aus.
- Sind Blätter auf der Fläche liegen geblieben,

so können Sie die getrost mit einarbeiten. Ihre Inhaltsstoffe verrotten über den Winter kaum. So werden auch keine Nährstoffe, die in der kalten Jahreszeit von den Pflanzen nicht genutzt werden können, freigesetzt.

Kompost ausbringen

Die Nährstoffe, die Pflanzen dem Boden durch ihr Wachstum entnommen haben, können Sie ihm auf natürlich Weise zurückgeben. Dazu müssen die Pflanzenteile aber wieder in Humus umgewandelt werden. Das übernehmen die Bodenlebewesen, die organische Substanzen aufnehmen und über den Darmtrakt wieder ausscheiden. Die entstandenen Bodenkrümel sind locker und »formstabil«. Sie speichern Wasser, enthalten Nährstoffe und lagern die im Boden gelösten Nährstoffe. Gerade im Herbst fallen im Garten viele Nährstoffe an. Ein idealer Zeitpunkt also, um einen Komposthaufen anzulegen.

Kalken im Herbst

Das Ausbringen von Kalk ist vor dem Winter nur auf humusreichen, eher sauren Böden zu empfehlen. Endgültigen Aufschluss, ob eine Kalkung notwendig ist, gibt eine Bodenanalyse. Kalkreiche Böden sollten Sie nicht zusätzlich kalken, da diese Maßnahme den Humusabbau und -umbau fördert und die Kaliaufnahme hindert. Allerdings können Sie Algenkalk ausstreuen. Langjährige Erfahrungen haben gezeigt, dass dieser sich sehr positiv auf das Wasserhaltevermögen der Böden auswirkt. Algenkalk können Sie auch dem Kompost beimengen. Es fördert die Umsetzung des organischen Materials und fügt Spurenelemente zu.

Gründüngung

Nutzen Sie die Zeit, nachdem sich die Beete geleert haben, und säen Sie eine schnellwüchsige Pflanzenart überall dort ein, wo nichts wächst. Gründüngung nennt man diese Methode, für Ihren Garten passende Mischungen erhalten Sie im Fachhandel. Nach dem Winter räumen Sie die Pflanzen dann einfach ab oder arbeiten sie an Ort und Stelle in den Boden ein. Sie haben viele Vorteile von diesem Verfahren:

- Grüneinsaaten lockern mit ihren Wurzeln den Gartenboden – manche sogar tiefgründig – und reichern ihn mittel- und langfristig mit Humus an.
- Sie beleben den Boden, denn für viele Organismen sind diese Pflanzenreste das »gefundene Fressen«.
- Sie verbessern Krümelstruktur und Wasserspeicherfähigkeit des Bodens.
- Restnährstoffe, vor allem Stickstoff, werden gebunden und dadurch vor der Auswaschung ins Grundwasser bewahrt.
- Sie schützen den Boden vor Erosion durch Starkregen und Wind, gerade im Winter.
- Wo Gründüngerpflanzen wachsen, haben Unkräuter wenig Entwicklungsmöglichkeiten.

Rasen – unbelastet durch den Winter

Auch die Rasengräser treten im Winter in eine Art Vegetationsruhe ein. Die Zeit davor können Sie gut nutzen, damit über den Winter aus dem grünen Läufer kein Flickenteppich wird!

Vorbeugende Maßnahmen

Oft freuen wir uns selbst im September noch an einer trockenen und sonnigen Witterungsphase, der Rasen sieht dann aber schnell braun und matt aus. Wässern Sie in diesem Fall durchdringend bis zu einer Tiefe von 10 cm. Rasengräser brauchen viele Nährstoffe in den Sommermonaten. Im Herbst verändert sich ihr Lebenszyklus. Sie kommen zur Ruhe. Der stark wachsende Zierrasen ist jetzt dankbar für eine sogenannte Herbstdüngung, die wenig Stickstoff und dafür Kalium enthält. Dieses Element stabilisiert die Zellwände und verhindert, dass die Zellen an sonnigen Wintertagen zu schnell austrocknen. Verwendet Sie in jedem Fall Rasenspezialdünger für den Herbst, er enthält die richtige Nährstoffzusammensetzung. Die Herbstdüngung kann in klimatisch begünstigten Regionen noch bis Ende Oktober durchgeführt werden. Denken Sie immer daran, dass Dünger nur seine Wirkung entfaltet, wenn ausreichend Feuchtigkeit vorhanden ist!

Bei einem milden Witterungsverlauf wächst der Rasen bis in den Dezember hinein – und solange das der Fall ist, sollten Sie bis in den November hinein auch mähen. Geht der Rasen nämlich mit zu langen Halmen in die kalte Jahreszeit, können diese umknicken. Diese Knickstellen sind die Eintrittspforte für verschiedene Rasenkrankheiten. Achten Sie auf scharfe Messer und eine gegenüber dem Sommer leicht erhöhte Schnitthöhe! Stellen Sie dann den Rasenmäher auf eine Schnitthöhe von 5 cm ein. Rasen, dessen Unterboden mit Wasser vollgesogen oder gefroren ist, ist empfindlich: Versuchen Sie deshalb, ihn im Winter so wenig wie möglich zu begehen. Gefrorenen Rasen sollten Sie überhaupt nicht mehr betreten: Geraten durch das Betreten die Eiskristalle in den Zellwänden unter Druck, werden diese zerstört, die Pflanzen sterben ab. Müssen Sie dennoch regelmäßig über den Rasen, etwa um den Teich zu kontrollieren

Schneeschimmel tritt bei kühl-feuchter Witterung auf. Dagegen hilft Vertikutieren im Frühjahr.

oder das Vogelhäuschen neu zu bestücken, sollten Sie sich überlegen, mittelfristig einen Weg oder wenigstens Trittsteine zu verlegen. Laub, das auf den Rasen fällt, sollten Sie zeitnah mit dem Federrechen entfernen. Der Lichtmangel lässt die Blätter sonst vergilben, die Gräser werden anfällig für Pilzkrankheiten. Eventuell können Sie das erste herabfallende Laub gemeinsam mit dem letzten Rasenschnitt beseitigen. Gut aufgehoben ist das Laub als Mulchmaterial unter Bäumen und Sträuchern oder auf dem Kompost. Rasenflächen sind in der kalten Jahreszeit besonders anfällig für Pilzkrankheiten, die die Gräser beeinträchtigen. Zwischen September und März tritt vor allem Schneeschimmel *(Microdochium nivale* und *Typhula incarnata)* auf. Den damit einhergehenden Flecken können Sie mit einer ausgewogenen Kaliumversorgung im Herbst und die nachfolgend vorgeschlagenen Maßnahmen in den Griff bekommen.

Nach dem Winter

Abgestorbene Pflanzenteile sollten Sie im Frühjahr bald mit einem Federrechen entfernen. Gleich danach unterstützen Sie mit einer Düngung in der ersten Märzhälfte die Triebkraft der Gräser. Schon zehn Tage danach kann der erste Schnitt erfolgen!

Zeigen Mähen und Düngen nicht die gewünschte Wirkung, so können Sie im März/April die Fläche vertikutieren, aber nicht direkt nach dem Winter. Die jungen Gräser sollten auf jedem Fall bereits ausreichend verwurzelt sein, damit sie beim Vertikutieren nicht herausgerissen werden. Durch die Maßnahme werden abgestorbene Pflanzenreste beseitigt, die Pflanzen können wieder »atmen«. Streuen Sie nach der Maßnahme gewaschenen Sand (2 mm) auf den Rasen, dadurch verstärkt sich der Effekt der Bodenlüftung.

Moosbefall – was tun?

Moosbefall wird durch zu tiefes Mähen, schattigen, nassen Standort oder Nährstoffmangel verursacht. Vertikutieren bringt hier nur kurzfristig Besserung. Heben Sie lieber die Schnitthöhe an, verbessern Sie den Boden oder säen Sie – allerdings frühestens im April – mit einer schattenverträglicheren Rasenmischung nach.

Übrigens: Kalk beseitigt das Moos nicht. Oft wird unter einer vermoosten Fläche ein niedriger pH-Wert gemessen. Dieser ist aber nicht durch das Moos verursacht, sondern er entsteht durch ungünstige Bodenverhältnisse wie Staunässe oder Luftabschluss.

Rasengräser brauchen auch im Winter Licht. Rechen Sie deshalb herabgefallenes Laub immer wieder ab.

Der Gartenteich und seine Bewohner

Bereits Anfang September beginnen manche Wasserpflanzen, sich auf die kalte Jahreszeit einzustellen. Und mit dem Verwelken und Vergehen der Pflanzen fangen auch die ersten Pflegearbeiten an.

Laub entfernen

Das Hauptproblem besteht besonders im Herbst und Winter darin, dass mit dem absterbenden Pflanzengewebe und dem Laubfall viele Nährstoffe ins Wasser gelangen. Für ihre Zersetzung benötigen diese organischen Stoffe viel Sauerstoff. Bei der Zersetzung bilden sich Faulgase wie Schwefelwasserstoff und Methan. Wenn im Winter dann der Teich zufriert, kann dies den tierischen und pflanzlichen Teichbewohnern schaden. Zudem wirkt das zersetzte Pflanzenmaterial wie Dünger, der im nächsten Frühjahr die Algenbildung begünstigt.

Diesem Einfluss sollten Sie entgegenwirken, indem Sie konsequent vergilbende Pflanzen zurückschneiden. Lassen Sie aber Stängel von Binsen und Rohkolben stehen. Ihre Halme sorgen für den Gasaustausch. Der Rückschnitt erfolgt im Frühjahr. Bei Bedarf können Sie Röhricht sowie hoch wachsende Gräser und Binsen vorsichtig zusammenbinden. Dadurch verhindern Sie, dass Sie abbrechen. Auch sollten Sie keine Blätter der umliegenden Gehölze ins Wasser fallen lassen bzw. man sollte diese sofort herausfischen. Auf jeden Fall darf das Falllaub nicht bis zum Teichboden hinabsinken.

Überspannen Sie im Herbst während der Zeit des Laubfalls den Teich mit einem engmaschigen Laubschutznetz. Das Netz sollte nicht in den Teich hängen, da sonst Nährstoffe, die sich im Laub befinden, ins Wasser ausgeschwemmt werden. Denken Sie aber daran, täglich zu kontrollieren, ob sich daran Vögel oder Kleintiere verfangen haben! Nach dem Laubfall wird das Netz wieder entfernt.

Ein Laubschutznetz hält Blätter vom Wasser fern. Bei größeren Teichen kann es notwendig sein, dafür am Rand Pflöcke einzuschlagen und das Netz zeltartig darüberzuspannen.

Entfernen Sie kontinuierlich Fadenalgen und Wasserlinsen. In älteren Teichen wird außerdem bis zu einem Drittel des Bodensatzes entnommen, er liefert wertvollen Kompost. Finden Sie größere Lebewesen, etwa Amphibien, im Schlamm, setzen Sie diese vorsichtig in den Teich zurück!

Wasserpflanzen schützen

Ab September müssen Sie daran denken, die nicht frostharten Schwimmpflanzen aus dem Teich zu entnehmen. Sie können sie in einem Aquarium oder einem mit Wasser gefüllten Eimer im Keller überwintern. An einem geschützten Ort, der nicht ganz dunkel ist, überstehen die Pflanzen die kalte Jahreszeit.

Trübes Teichwasser

Ist das Wasser in Ihrem Teich ständig trüb, ist Ihr Teich krank. Die Ursachen sind meist zu viele Nährstoffe, die in den Teich gelangen, etwa in Form von Fischfutter. Besonders Goldfische wühlen ständig im Schlamm, ihre Ausscheidungen bilden die Nahrungsgrundlage für Algen. Vielleicht ist es angeraten, für einige Zeit die Fische abzuschaffen, bis das ökologische Gleichgewicht im Teich wieder hergestellt ist. Ein geringer Besatz an Fischen erträgt das Teichökosystem besser. Sie brauchen in einem Naturteich die Fische nicht zu füttern. Sie finden in der Vegetationszeit meist ausreichend Kleinstlebewesen und Larven.

Geliebte Seerosen

Alle Seerosen gedeihen bei einer Wasserhöhe von 45–60 cm. Seerosen für tiefere Gewässer schieben aber bei so geringer Tiefe ihre Blätter weit nach oben und blühen schlecht. Auch für flache Gewässer gibt es Seerosensorten, die an den geringeren Wasserstand angepasst sind. Sie sollten wiederum nicht in tiefere Teichzonen gepflanzt werden, weil sie sonst die Wasseroberfläche nur mit Mühe erreichen.

Ist die nötige Wassertiefe, die ein Erfrieren verhindert, nicht gewährleistet, sollten Sie die Pflanzen mitsamt den Körben aus dem Wasser herausnehmen und frostfrei lagern. Einfacher ist es, wenn Sie direkt für die entsprechende Wassertiefe geeignete Seerosensorten pflanzen. In einer 40–50 cm hohen Schicht aus trockenem Laub gelingt das meist problemlos.

Die blauen Seerosen und die Zwerglotusblumen werden am besten in einen Behälter mit Wasser gestellt und hell bei 12–15 °C überwin-

Bei kleineren Teichen sind mit Hasendraht bespannte Holzrahmen als Laubfänger sinnvoll.

Zu den empfindlichen Teichpflanzen gehören

Pflanze	Überwinterung
Feenmoos *(Azolla mexicana)*	bei 10 °C, so hell, wie möglich
Blumenrohr *(Canna flaccida)*	bei 10 °C in feuchtem Sand, Stängel, wie bei Gladiolen auf 10 cm zurückschneiden.
Wasserhyazinthe *(Eichhornia crassipes)*	nicht unter 15 °C, Überwinterung problematisch
Muschelblume *(Pista stratiotes)*	bei 15 °C , im Überwinterungsgefäß sollten die Wurzeln im Lehm stehen.
Lotosblume *(Nelumbo lutea)*	Rhizome in einer Laubschicht frostfrei
Papageienblatt *(Houttuynia cordata)*	nur in günstigen Lagen winterhart. Mindestens frostfrei an einem hellen Platz im Haus
Hechtkraut *(Pontederia cordata)*	bedingt winterhart bis –10 °C
Gauklerblume *(Mimulus luteus)*	bedingt winterhart

tert. Da sie sich erst bei einer Wassertemperatur von 24–26 °C gut entwickeln, ist die Kultur in Kübeln im Wintergarten empfehlenswert. Im Gartenteich ist es ihnen in kühlen Sommern zu ungemütlich. Eventuell können Sie für einen Pflanzenstrahler als Lichtquelle sorgen.

Tiere im und am Teich

Damit Sie Fische in Ihrem Teich halten und diese in Ihrem Teich überwintern können, muss das Wasser zumindest auf einer kleinen Fläche mindestens 80 cm tief sein. Andernfalls besteht die Gefahr, dass er zum Grund durchfriert – dadurch würden die Fische sterben. Viele Fische fressen ab einer Wassertemperatur von 10 °C nicht mehr und fallen in eine Winterstarre; achten Sie ab September genau auf die Außentemperaturen und füttern Sie sie nicht mehr. Im Wasser darf sich keinesfalls Futter ansammeln!

Spätestens ab Anfang November sollte Ihr Teich ganz mit Wasser gefüllt sein. Nur in diesem Fall ist die Frosttiefe im Winter gewährleistet.
Im Winter müssen Sie dafür sorgen, dass ein Luftloch im Teich erhalten bleibt. Zerschlagen Sie aber nie das Eis, das sich auf der Teichoberfläche gebildet hat. Die dabei auftretenden Druckwellen können die Schwimmblase der Fische schädigen. Liegt Ihr Garten in einer klimatisch rauen Region, sollten Sie eventuell eine Teichheizung anschaffen. Ist das Eis im Frühjahr getaut, füttern Sie die Fische wieder. Überwintern die Fische im Haus, sollte der Filter auch im Überwinterungsbecken laufen. Bringen Sie die Fische schon ab Ende September ins Haus, auch wenn der Herbst noch warm ist. Es schadet den Fischen, wenn sie während der Winterstarre ihren Lebensraum wechseln müssen. Steht das Behältnis an einem Platz, an dem die Tiere den Tagesablauf nicht mitbekommen, sollten Sie versuchen, mit einer Lampe und einer

Zeitschaltuhr den Tagesverlauf zu simulieren. Gefüttert wird nur, wenn die Wassertemperatur über 10 °C liegt. Vergessen Sie nicht regelmäßige Wasserwechsel.
Wechselwarme Tiere, wie Frösche, Kröten oder Eidechsen, können sich mit ihrer dünnen Haut nicht vor der Kälte schützen. Sie passen ihre Körpertemperatur der Umgebungstemperatur an. Damit sie nicht einfrieren, benötigen sie einen frostfreien Platz zwischen Blättern, Moos oder im Schlamm eines Gewässers.

Die Teichtechnik

Damit Ihr Teich im Winter nicht bis zum Grund durchfriert, sollten Sie ab Spätherbst auf Reinigungsarbeiten verzichten und auch die Umwälzung des Wassers durch Teichpumpen vermeiden. Wird es nämlich kalt, so baut sich im Wasser eine natürliche Schichtung mit verschiedenen Temperaturen auf. Am Grund des Teichs befindet sich eine Lage mit einer Temperatur von 4 °C, dort können die Teichtiere überwintern.
Eisfreihalter sorgen im Winter dafür, dass der Gasaustausch gesichert ist. Gängige Modelle sehen aus wie ein Toilettensitz. Wichtig ist es, das Gerät mit einem Anker zu befestigen, damit er immer über der tiefsten Stelle des Teichs liegt. Alternativ bietet sich ein Teichheizer an, mit dem ein bestimmter Bereich eisfrei gehalten wird. Die zum Teil beträchtlichen Stromkosten können Sie über einen Frostwächter steuern, der sich nur bei Minustemperaturen einschaltet.

Mit dem Kescher lassen sich immer wieder Pflanzenreste aus dem Wasser herausfischen.

Vor dem ersten Frost entnimmt man den Teichfilter, säubert und überwintert ihn frostsicher.

Tiere im Winter

Was ist ein Garten ohne Tiere? Was ein Blumenbeet ohne Schmetterlinge, ein Baum, in dem keine Vögel singen, ein Strauch, in dem sich kein Vogelnest versteckt? Wer während der Vegetationszeit Tiere in seinem Garten erleben will, sollte auch in der kalten Jahreszeit etwas für sie tun. Die Rückzugsräume für die heimische Fauna werden nämlich immer rarer, und die Tiere sind auf unsere Hilfe angewiesen. Oft reichen schon wenige Maßnahmen, damit sie mit dem Winter besser zurechtkommen.
Manchmal ist sogar Nichtstun genau das richtige: Tiere brauchen im Winter stille und windgeschützte Quartiere, in denen sie nicht beunruhigt werden. Jede Störung zwingt sie dazu, Nahrungsreserven zu verbrauchen. Sorgen Sie also für winterliche Ruheplätze: In einem Laub- oder Reisighaufen fühlen sich Igel, Insekten, Zwergmäuse und Amphibien wohl.
Igel polstern sich ihren Schlafplatz zusätzlich mit Heu, Stroh, Laub oder Wolle aus. Im Schlaf reduziert sich ihre Körpertemperatur, ihr Herzschlag verringert sich – energetische Sparstufe sozusagen! Sind die Fettvorräte des Körpers aufgebraucht, erwacht das Tier. Ist dann keine Nahrung vorhanden, verhungert es. Lassen Sie Win-

Bei geschlossener Schneedecke und Bodenfrost sind Vögel über eine Winterfütterung froh. Kohlmeisen mögen fettiges Futter, aber auch gehackte Nüsse und Sonnenblumenkerne.

terschläfer deshalb in Ruhe und beunruhigen Sie sie besser nicht unnötig.
Vielleicht macht es Ihnen auch Spaß, Schmetterlingsvillen, Igelburgen und Eichhörnchenhäuser aufzustellen – ein willkommener Blickfang im winterkahlen Garten. Nistkästen sind außerdem nicht erst im Frühjahr gefragt. Bei großer Kälte ziehen sich die Vögel nachts und tags sehr gern darin zurück. Saubermachen sollten Sie die Vogelkästen deshalb im Herbst, damit sich darin keine Parasiten aufhalten.
Schilfrohrbündel, Lochziegel, Wickel aus Perlongaze oder Hartholzblöcke mit unterschiedlich weiten Bohrlöchern, die an geschützten Stellen aufgestellt werden, bieten nützlichen Insekten wie z. B. Schlupfwespen oder Florfliegen Schutz zur Überwinterung. Laub-, Stein- und Reisighaufen werden von Laufkäfern, verschiedenen Lurchen und Kriechtieren gerne als Winterquartier genutzt.

Die Sache mit der Fütterung

Wer Winterfutter sagt, denkt vor allem an Vögel. Die gefiederten Gartenbewohner vertilgen gemeinsam mit ihrem Nachwuchs während der Nistphase Unmengen von Schädlingen. Jetzt im Winter können Sie dafür sorgen, dass die Piepmätze Dauergäste in Ihrem Garten bleiben. Das Pro und Contra der Fütterung wird zwar immer wieder diskutiert, über die nachfolgend genannten praktischen Hinweise herrscht jedoch Einigkeit bei Naturschützern und Vogelfreunden.
Damit die Vögel nicht von der Fütterung abhängig werden, sollten sie ihre Nahrung so lang wie möglich selbst suchen. Beginn und Ende der Winterfütterung richten sich deshalb nicht starr nach dem Kalender, sondern nach den jeweils herrschenden Wetterverhältnissen: nur bei Dauerfrost und geschlossener Schneedecke füttern!

Der passende Fressplatz

Bringen Sie die Futterkästen in Freistellung so an, dass Katzen den Vögeln nicht auflauern und Mäuse sich nicht bedienen können. Glasscheiben sollten mindestens 2 Meter entfernt sein. Das Haus muss so konstruiert sein, dass das Futter nicht nass wird und kein Kot ins Futter gelangt – die Ausbreitung von Krankheiten würde sonst gefördert. Futterspender sind in diesem Fall sinnvoll.
Die Fütterungen müssen stets überwacht werden. Finden Sie, vor allem während milder Winterperioden und im Spätwinter, tote Vögel, so liegt Verdacht auf Salmonellose vor. Fütterung sofort einstellen, Futterhaus säubern und desinfizieren und alle Futterreste am Boden entfernen. Manche Typen des Krankheitserregers sind auch für den Menschen ansteckend; also Gummihandschuhe benutzen, Hände desinfizieren, keine Kinder mit der Säuberung der Futterstellen beauftragen! Salmonellose tritt besonders häufig an großen Futterstellen auf. Deshalb sind mehrere kleine Futterstellen besser als eine große.

Leckere Futterrezepte

Weichfutterfresser sind Rotkehlchen, Zaunkönig, Amsel und Drossel. Meisenknödel aus Rindertalg und Weizenkleie werden von ihnen gerne angenommen. Allerdings wird diese Fett-Körner-Mischung von den meisten Vögeln, außer den Meisen, lieber zerbröselt vom Boden aufgenommen. Dort aber verschmutzt das Futter schnell. Amseln und Drosseln lieben Äpfel, die auch

Vorsicht Ambrosia

Ambrosia hört sich nach köstlicher Götterspeise an, ist aber ein Wildkraut, das bei vielen Menschen neben Heuschnupfen und Asthma zu allergischen Hautreaktionen führt. In den letzten Jahren ist der aus Nordamerika stammende Neubürger vermutlich durch verunreinigtes Vogelfutter unbemerkt in die Gärten gelangt. Inzwischen warnen sogar Gesundheitsämter vor dem Eindringling.

- Stellen Sie fest, dass unter Ihrem Vogelhaus plötzlich gefiederte, tagetesähnliche Blätter wachsen, so reißen Sie diese samt Wurzel aus. Mähen reicht nicht aus! Schützen Sie sich mit Handschuhen und eventuell einem Mundschutz. Diese Pflanzen gehören in den Restmüll.
- Verwenden Sie nur hochwertiges und gereinigtes Vogelfutter. Der Hinweis »ambrosia controlled« ist jedoch nicht immer vertrauenswürdig. Kontrollieren Sie trotzdem regelmäßig.

Eigentlich wirkt sie ganz unscheinbar: Ambrosia löst aber schwere Allergien aus.

Futter vom Strauch

Pflanze

Berberitze *(Berberis* ssp.*)*
Roter Hartriegel *(Cornus sanguinea)*
Eingriffliger Weißdorn *(Crataegus monogyna)*
Zweigriffliger Weißdorn *(Crataegus laevigata)*
Pfaffenhütchen *(Euonymus europaeus, E. alatus)*
Efeu *(Hedera helix)*
Sanddorn *(Hippophaë rhamnoides)*
Stechpalme *(Ilex* ssp.*)*
Zieräpfel *(Malus* ssp.*)*
Wilder Wein *(Parthenocissus* ssp.*)*
Schlehdorn *(Prunus spinosa)*
Feuerdorn *(Pyracantha* ssp.*)*
Hagebuttenrosen *(Rosa* ssp.*)*
Mehlbeere, Vogelbeere *(Sorbus aria, Sorbus aucuparia)*
Eibe *(Taxus* ssp.*)*
Gemeiner Schneeball *(Viburnum* ssp.*)*

schon leicht angefault sein können. Körnerfresser wie Finken und Sperlinge knacken gern kleine Nüsse, Sonnenblumenkerne, Weizen und Hafer. In Tierhandlungen, Spezialgeschäften und auch im Internet finden Sie hochwertiges Spezialfutter, das sogar auf einzelne Vogelarten abgestimmt ist. Tabu ist salzhaltige Nahrung wie Wurst- und Käsereste, reines Fett in Form von Butter oder Margarine sowie leicht gefrierende Futtermittel wie Apfel- oder Birnenstückchen sowie Brot- oder Kuchenkrümel. Anleitungen zur Herstellung von eigenem artgerechten Futter finden Sie unter www.lbv.de, Stichwort Winterfütterung.

Nahrung von Mutter Natur

Bieten Sie den Singvögeln Früchte aus dem eigenen Garten an: Im Winter ziehen sie die Früchte von Wildgehölzen sogar der Winterfütterung vor. Auch vergessenes Obst, wie Äpfel und Trauben, sind ein beliebtes Winterfutter. Bitte am Stück und nicht in Scheiben auslegen! Nicht zu vergessen die Früchte des Efeus, sie reifen erst in den Winter hinein. Nicht zuletzt freuen sich die samenfressenden Vögel an stehengelassenen Stängeln und Samen von Stauden und Wildkräutern.

Untergewichtige Igel sind immer wieder ein Problem. Statt sie ins Haus zu nehmen, ist es oft besser, sie vor dem Winter mit einer Futterstelle zu unterstützen. Dafür eignen sich z. B. Katzendosenfutter, mit Igeltrockenfutter oder Haferflocken vermischt, und/oder ein wenig ungewürztes Rührei.

Die Futterstelle muss immer sauber gehalten werden, um einer Ansteckungsgefahr der Igel untereinander vorzubeugen. Futternapf täglich reinigen und am besten auf eine Zeitung stellen, die täglich gewechselt wird!

Anders als die Igel unterbrechen Eichhörnchen täglich ihren Schlaf für ein paar Stunden und gehen auf Nahrungssuche. Winterruhe nennt man diesen Lebensrhythmus. Gerade bei Bodenfrost haben die Tiere Schwierigkeiten, an ihre Vorratslager aus Nüssen und Eicheln zu kommen. Dann freuen sie sich über spezielle Futtermischungen, die ungesalzene Erdnüsse und Sonnenblumenkerne enthalten.

Eichhörnchen akzeptieren übrigens auch gern künstliche Nisthilfen. Sie sind ähnlich aufgebaut wie die für Vögel, sind aber geräumiger und haben ein größeres Eingangsloch.

Eichhörnchen freuen sich im Winter über Nüsse aller Art, Karotte, Apfel und auch frisches Wasser!

Kübelpflanzen überwintern

Kübelpflanzen, die im Sommer im Freien standen und sich gut entwickelt haben, kann man im Winter nicht einfach ins warme Wohnzimmer stellen. Die meisten Arten würden dort bald kümmern und im schlimmsten Fall eingehen. Und auch der eingetopfte Kräutergarten, zu dem viele mediterrane Arten gehören, will versorgt sein, damit seine Düfte und Aromen uns im Frühjahr wieder begleiten.

Das passende Winterquartier

Kübelpflanzen sind keine Zimmerpflanzen – diesen Satz muss man sich immer wieder ins Gedächtnis rufen. Der Aufenthalt in Räumen ist für diese Gewächse auch im besten Winterquartier nur eine Notlösung. Meist werden die sonnenhungrigen Pflanzen durch den Lichtmangel unansehnlich. Bedenken Sie, dass es nur direkt am Fenster wirklich hell ist. Mit jedem Meter weiter weg halbiert sich der Lichteinfall. Und dann müssen Sie noch die Wirkung der Glasscheiben berücksichtigen, die einen Teil des pflanzenverfügbaren Lichtes herausfiltern. Eventuell können Sie mit Pflanzenleuchten nachhelfen, deren Beleuchtungsstärke bei 2000 Lux liegen sollte. Wundern Sie sich nicht, wenn das Licht Blau erscheint. Das liegt daran, dass bei diesen Leuchten der Anteil blau-violetter und rot-orangefarbener Strahlung sehr hoch ist.

Der Buchs hier im Bild ist keine Kübelpflanze, sondern eine Pflanze im Kübel – ein gewichtiger Unterschied. Er kann mit Schutz draußen bleiben.

Das ideale Winterquartier hat eine Temperatur zwischen 5 und 10 °C, ist hell, gut durchlüftet und vor direkter Sonne geschützt. Solche Plätze sind dünn gesät in unseren Wohnungen und Häusern! Und noch eins: Verlassen Sie sich nicht nur auf die Lufttemperatur. Viel wichtiger ist ein Erdthermometer, das Sie in die Töpfe stecken. Kalte Füße sind nämlich für Pflanzen im Winterquartier sehr schädlich. Diese Überwinterungsmöglichkeiten können Sie in Erwägung ziehen:

- **Kühles Zimmer:** Mit Überwinterungstemperaturen bis 15 °C geben sich viele Palmen, aber auch Zitruspflanzen, Hibiskus, Himmelsbambus, Oleander und Olive zufrieden. Im Zimmer müssen sie allerdings mehr gegossen werden als in kühleren Winterquartieren. Ist die Luftfeuchtigkeit gering, so macht sich das durch braune Blattspitzen bemerkbar, dann können Sie mit dem Pflanzensprüher Abhilfe schaffen. Bilden sich lange Geiltriebe, so sollten Sie diese im Frühjahr unbedingt zurückschneiden.
- **Wintergarten:** Nur ein unbeheizter Wintergarten eignet sich als Winterquartier. Gerade an sonnigen Tagen kann es in solchen Räumen zu starken Temperaturunterschieden zwischen Tag und Nacht kommen. Das vertragen viele Kübelpflanzen überhaupt nicht! In diesem Fall ist es sinnvoll, den Wintergarten zu belüften und/oder zu schattieren.
- **Kellerraum:** Lieber dunkel und kühl als hell und warm sagen sich Pflanzen wie Lorbeer

Das Kleingewächshaus als Winterquartier

Kleingewächshäuser sind besonders in klimatisch ungünstigen Lagen hilfreich. Auch ohne Heizung verlängern sie die Gartensaison, schützen im Frühjahr vor Spät- und im Herbst vor Frühfrösten. Und auch im Winter müssen sie nicht ungenutzt bleiben!

Kräuter

Wärmeliebende, mediterrane Pflanzen ziehen im Spätherbst gern in das Gewächshaus um. Dort sind sie nicht nur vor tieferen Temperaturen, sondern vor allem auch vor Winternässe geschützt. Zitronen-Thymian, verschiedene Minzearten, Französischer Estragon und Anis-Ysop schätzen es, wenn sie nicht der wurzelschädigenden Dauernasse unserer Winter aus gesetzt sind. Wintergrüne Kräuter wie Thymian und Currykraut sind vor allem für den Schutz vor kalten Winden und der austrocknenden Wintersonne dankbar.

Kübelpflanzen

Verschiedene Arten und Sorten von Feigen *(Ficus)*, Zistrosen *(Cistus)*, Klebsame *(Pittosporum)*, winterharte Palmen (z. B. *Trachycarpus wagnerianus*), Schmucklilien *(Agapanthus)*, Orangenblumen *(Choisya)*, Eukalyptus *(Eucalyptus)* und Lorbeer-Schneeball *(Viburnum tinus)* sind robuste Pflanzen, die in Weinbaugebieten sogar ausgepflanzt den Winter überstehen. In klimatisch ungünstigeren Gebieten müssen diese Pflanzen im Topf wachsen und sollten möglichst geschützt überwintert werden. Hier bietet sich das Kleingewächshaus an. Mit dem Einräumen können Sie warten, bis die Nachttemperaturen unter –5 °C fallen. Ausladende Pflanzen wie Palmen sollten Sie locker zusammenbinden – das spart Platz und bewahrt Sie vor Verletzungen durch die scharfen Blattränder. Gießen Sie nur selten, die Pflanzen benötigen jetzt kaum Wasser.

Frostempfindliche Kübelpflanzen wie Geranien, Fuchsien und Wandelröschen sollten nicht im unbeheizten Gewächshaus überwintern. Sie sind in jedem Fall besser an beheizbaren Plätzen aufgehoben.

Gut gerüstet

Zur Kontrolle des Gewächshausklimas bietet sich ein Minimum-Maximum-Thermometer an, das die tiefsten und höchsten Temperaturen anzeigt. Lüften Sie das Gewächshaus im Winter, sobald die Temperaturen über 0 °C steigen. Bei zu hoher Luftfeuchte entstehen nämlich Pilzerkrankungen, die den Pflanzen mehr schaden als die kühle Witterung.

Problematisch wirken sich auch die extremen Temperaturunterschiede zwischen klaren, sonnigen Wintertagen und eiskalten Nächten aus. Sie können diesen Effekt durch eine wirkungsvolle Isolierung abmildern. Dazu befestigen Sie an den senkrechten Wänden Noppenfolie oder Styroporplatten. Fallen die Temperaturen weit unter 0 °C, sollten empfindlichere Pflanzen mit Zeitungspapier oder Schutzvliesen abgedeckt werden. Obwohl Schnee eigentlich isolierend wirkt, muss das Kleingewächshaus regelmäßig von der Schneelast befreien werden, damit die Konstruktion nicht leidet oder sogar zusammenbricht.

und Feige. Bei Bleiwurz und Korallenstrauch fallen unter diesen Bedingungen zwar die Blätter ab, im Frühjahr werden sie aber rasch wieder ersetzt. Je niedriger die Temperatur, desto dunkler kann der Raum sein. In der ihnen auferlegten Ruhephase sollten Sie nur so viel gießen, dass der Ballen nicht austrocknet.

- **Garage:** Robuste Vertreter wie Feige und Yucca überstehen sogar in einer Garage mit Fenster den Winter. Bei Dauerfrost müssen Sie allerdings eine Notheizung installieren. Der Wasserbedarf ist unter diesen kalten Bedingungen sehr gering.
- **Lichtschächte:** Nützen Sie doch einfach Ihre Kellerschächte für Oleander oder Feige! Eine Abdeckung aus Noppenfolie auf dem Gitter trägt zusätzlich zur Wärme bei. Werden die Pflanzen zu groß, so bauen Sie einfach ein provisorisches Anlehngewächshaus darüber.
- **Gärtnerei:** Immer häufiger bieten Gartenbaubetriebe die Überwinterung von Kübelpflanzen als Service an. Auch der Transport ist bei diesem Angebot inbegriffen. Erkundigen Sie sich einfach vor Ort!

Der Einräumzeitpunkt

Sie sehen, oft muss man Zugeständnisse beim Winterquartier machen. Deshalb ein guter Rat: Lassen Sie die Kübelpflanzen so lange draußen

Schwer gewordene Kübelpflanzen befördert man mit Sackkarren oder rollenden Untersetzern in ihr Winterquartier.

Geranien werden um zwei Drittel eingekürzt, ehe sie ins Winterquartier kommen.

Wann einräumen?

Vor den ersten Frösten:
Banane *(Ensete-ventricosum)*
Bougainvillee *(Bougainvillea-*Sorten)
Engelstrompete (Brugmansia-Sorten)
Enzianstrauch *(Lycianthes rantonnetii)*
Geranie *(Pelargonium-*Arten und -Sorten)
Kassie (Senna-Arten)
Korallenstrauch *(Erythrina crista-galli)*
Mandevilla *(Mandevilla-*Hybriden)
Prinzessinnenstrauch *(Tibouchina urvilleana)*
Roseneibisch *(Hibiscus rosa-sinensis)*
Wandelröschen *(Lantana-Camara-*Hybriden)

Ab –5 °C:
Bleiwurz *(Plumbago auriculata)*
Zitruspflanzen *(Citrus-*Arten)
Fuchsie *(Fuchsia-*Hybriden)
Granatapfel *(Punica granatum)*
Lorbeer *(Laurus nobilis)*
Oleander *(Nerium oleander)*
Olive *(Olea europaea)*
Schmucklilie *(Agapanthus-*Hybriden)
Schönfaden *(Callistemon citrinus)*
Schönmalve *(Abutilon-*Hybriden)

Drohen Temperaturen unter –10 °C:
Echte Zypresse *(Cupressus sempervirens)*
Feige *(Ficus carica)*
Mispel *(Eriobotrya japonica)*
Nandine *(Nandina domestica)*
Mittelmeer-Schneeball *(Viburnum tinus)*
Zistrose *(Cistus-*Arten)

wie möglich. Solange sich im Herbst kein Frost ankündigt, können Sie mit dem Einräumen noch warten. Alle Kübelpflanzen lieben frische Luft und Licht. Die sinkenden Temperaturen machen sie zudem widerstandfähig und robust, tiefe Temperaturen fördern sogar die Blüte im nächsten Jahr. Ein warmer Herbst wirkt sich generell schlecht auf Kübelpflanzen aus: Die Triebe können bei warmem Klima nicht ausreifen, im Winterquartier werden sie dann gern von Pilzen befallen oder sie frieren wie viele Feigenarten zurück, auch wenn sie eigentlich erfolgreich im Freien mit etwas Schutz überwintern können. Wird es kälter, so können Sie die Pflanzen fürs Erste auch vor eine wärmende Hauswand oder unter ein Vordach schieben und das Pflanzgefäß mit Noppenfolie ein wenig »wärmen«.

Pflege vor dem Einräumen

Kübelpflanzen wie Geranien, Fuchsien und Wandelröschen sollten Sie vor dem Einräumen stark zurückschneiden. Schneiden Sie immer einige Millimeter schräg oberhalb einer Knospe ab. Fuchsien können Sie sogar ganz entlauben. Schneiden Sie jetzt bereits zu dicht stehende, schwache oder bereits abgestorbene Triebe aus. Der Rückschnitt reduziert nicht nur den Platzbedarf im Winterquartier. So beseitigen Sie auch versteckte Schädlinge, die so auf dem Kompost landen anstatt im Winterquartier. Der Herbstschnitt bedeutet auch, dass Sie weniger Pflegearbeiten im laufenden Winter haben: Weniger Laub bedeutet weniger Blattfall, Putzarbeiten und Pilzbefall der Kübelpflanzen.

Kübelpflanzen, die nicht zurückgeschnitten werden, wie Schmucklilie, Oleander und Lorbeer, sollten gründlich auf Schädlinge kontrolliert werden. Besonders die Blattunterseiten sollten Sie genau unter die Lupe nehmen. Bekämpfen Sie Schädlinge am besten, bevor diese überhand nehmen und ehe sie alle anderen Pflanzen in der Umgebung anstecken.
Bringen Sie die Pflanzen nicht mit einem nassen Topfballen ins Winterquartier. Das kann zu Wurzelfäulnis führen. Außerdem sind nasse Pflanzen besonders schwer, was den Transport unnötig zur Knochenarbeit macht.

Nur keine Hemmungen: Ein starker Schnitt ist bei manchen Arten einfach notwendig!

Ins Sortiment der Kübelpflanzen gehören sicher auch die Strauchmargerite *(Argyranthemum frutescens)* und die Vanilleblume *(Heliotropium arborescens)*. Aber die Überwinterung hat bei diesen Pflanzen ihre Tücken. Sie können zusammen mit Geranien ins gleiche Winterquartier. Allerdings kommen diese Pflanzen selten gut über den Winter, so sehr sie auch umhegt und gepflegt werden. Meist gehen sie aus heiterem Himmel ein. Ärgern Sie sich nicht.

Pflege im Winterquartier

Auch im Winterquartier sollten Sie stets ein Auge auf Ihre Pflanzen haben.

- Ist der Wurzelballen trocken, entsteht zwischen Kübelrand und Erde ein Spalt. Dann ist es Zeit zum Gießen.
- Welkende Blätter sollten Sie entfernen, diese bieten Pilzen Nahrung und Schädlingen einen Unterschlupf.
- Kontrollieren Sie die Pflanzen gründlich auf Schädlinge.

Schädlinge im Winterquartier

Ein Winterquartier kann kaum die besten Lebensbedingungen für die Überwinterungspflanzen bieten. Sie sind geschwächt, neu gebildete Triebe sehr weich und anfällig. Ein gefundenes Fressen für kleine Schmarotzer.
Unwillkommene Überwinterungsgäste verstecken sich auch klammheimlich in den Blättern von Unkräutern. Entfernen Sie deshalb diese Wildkräuter regelmäßig. Auch wenn die Pflanzen nur noch wenig Aufmerksamkeit benötigen, so sollten Sie doch regelmäßig auf Schädlinge kontrollieren. Schauen Sie sich dabei die Blatt-

unterseiten genau an oder nehmen Sie gleich eine Lupe zur Hand, denn manche Schädlinge sind winzig klein.

Da die Überwinterungsquartiere meist sehr kühl sind, ist von einem Nützlingseinsatz abzuraten. Die Nützlinge entwickeln sich erst ab einer Temperatur von 17 °C gut. Verwenden Sie in der Winterzeit auch keine Pflanzenschutzstäbchen. Diese kleinen, mit Pflanzenschutzmittel gesättigten Stäbchen werden einfach in die Erde gesteckt. In der Wachstumsphase wird der Wirkstoff über die Wurzel aufgenommen und im Pflanzensaft in alle Pflanzenteile transportiert, wo er fressende und saugende Schädlinge schädigt. In der Ruhephase der Pflanze funktioniert dieser Mechanismus jedoch nicht, sodass auch kein Bekämpfungserfolg zu erwarten ist. Dennoch gibt es einige Möglichkeiten zur Bekämpfung von Schädlingen.

Schädlinge bekämpfen

Blattläuse: Stellen Sie kleinere Pflanzen einfach in die Badewanne und duschen Sie die Pflanze mit handwarmem Wasser ab. Blattläuse sitzen auch gerne an jungen Trieben. Sie können mit einem Rückschnitt eine Menge der Läuse entfernen. Hier ein bewährtes Hausmittel: 250 g reine Schmierseife in 10 Liter heißem Wasser auflösen und die Blattläuse damit besprühen.

Schildläuse: Die Läuse mit dem Schild sitzen an verholzten Trieben, an Blattspreiten und in Blattachseln. Entfernen Sie die Schildläuse zuerst mit einem Tuch. Jetzt können ölhaltige Pflanzenschutzmittel zum Einsatz kommen. Sie verkleben die Atmungsorgane der Blattsauger. Sie können aber auch zu der oben genannten Schmierseifenlösung noch 50 ml Spiritus hinzufügen. Dieser zerstört den Schutzschild der Schildläuse.

Woll- und Schmierläuse: Noch hartnäckiger als Schildläuse sind Wollläuse. Sie verstecken sich nicht nur in Triebachseln, sondern auch an Stützstäben, Befestigungsvorrichtungen und am inneren Topfrand. Jungtiere leben oft in der Erde. Das macht die Bekämpfung sehr schwierig. Isolieren Sie in jedem Fall befallene Pflanzen, da sich die wolligen Sauger schnell auf andere Pflanzen ausbreiten. Weniger wertvolle Pflanzen werden am besten entsorgt.

Ansonsten sollten Sie konsequent mit zugelassenen Pflanzenschutzmitteln bekämpfen und die Oberfläche des Topfballens abkratzen. Entdecken Sie Schädlinge, dann betupfen Sie die Einzelexemplare mit einem Wattestäbchen, das mit einem mindestens 70%igen Alkohol getränkt ist.

Weiße Fliege: Gelbtafeln dienen nur als Kontrolle, bekämpfen können Sie die Weiße Fliege damit nicht. Entfernen Sie erstmal jegliches Unkraut, da verstecken sich diese Schädlinge gern.

Wildkräuter sollten Sie im Winterquartier aus den Kübeln konsequent entfernen. Mit ihnen können Schädlinge eingeschleppt werden.

Pflanzenschutzmittel auf Rapsölbasis oder aus dem Neembaum gewonnene Präparate zeigten gute Wirkung. Da das Insekt verschiedene Entwicklungsstadien durchläuft, sollten die Maßnahmen in Abständen wiederholt werden. Vertragen die befallenen Pflanzen ein paar Minusgrade, können Sie sie auch einige Tage nach draußen stellen, dann stirbt die Weiße Fliege ab.

Schmucklilien *(Agapanthus)* vertragen leichten Frost. Vor dem Einwintern welke Blätter entfernen.

Thripse: Thripse sind etwa 2–3 mm große längliche Blattsauger. Sie sitzen unter dem Blatt und sind kaum zu erkennen. Bei trockner Luft haben Sie leichtes Spiel. Die Schmierseifenlösung (wie vorher beschrieben) zeigt gute Wirkung. Auch mit Blattglanzsprays kann man den Schädling eindämmen. Beachten Sie aber immer die Gebrauchsanweisung, denn nicht jede Pflanze verträgt das Blattglanzspray.
Spinnmilben: Diese kleinen unscheinbaren Sauger können große Pflanzen soweit schädigen, dass sie sogar eingehen. Wenn Gespinste sichtbar werden, ist der Befall bereits sehr stark. Eigentlich treten Spinnmilben besonders bei trockener Luft auf. Aber im Winterquartier werden die geschwächten Pflanzen »leichte Beute«. Die Bekämpfung mit Hausmitteln ist so gut wie aussichtslos. Hier sollten Sie sich ein zugelassenes Pflanzenschutzmittel bzw. Akarizid aus dem Fachmarkt besorgen.
Falls Sie Ihre Schädlinge mit diesen Maßnahmen nicht in den Griff bekommen haben, dann fragen Sie im nächsten Gartenfachmarkt nach. Nehmen Sie am besten ein befallenes Blatt in einer Tüte mit. So müssen Sie nicht lange erklären und die Gartenexperten können Ihnen schneller helfen. Nicht jedes Pflanzenschutzmittel hilft gegen jeden Schädling. Zur Bekämpfung von Spinnmilben benötigen Sie beispielsweise ein Akarizid. Lassen Sie sich im Zweifel im Fachhandel beraten.

Wieder nach draußen räumen

Etwas gelitten haben die meisten Kübelpflanzen nach dem Winter. Doch selbst bei Pflanzen, die abgestorben wirken, sind oft nur die Triebspitzen tot. Machen Sie den Test und ritzen Sie die Rinde an: Ist sie irgendwo grün, bestehen noch Überlebenschancen. Manche Pflanzen treiben sogar noch aus dem Wurzelstock aus. Da hilft nur abwarten! Geben Sie ihnen bis in den Sommer hinein eine Chance.

Mit zunehmender Tageslänge und steigenden Temperaturen beginnen die Pflanzen mit dem Wiederaustrieb. Darauf sollten Sie reagieren und häufiger gießen. Stellen Sie die Kübelpflanzen jetzt heller, aber nicht zu warm auf, damit sie keinen Schock bekommen. Das Ausräumen erfolgt in umgekehrter Reihenfolge wie das Einräumen.

Geben Sie allen Pflanzen Zeit zur Akklimatisierung. Überwinterte Kübelpflanzen, die ihr Laub nicht abwerfen, müssen vorsichtig an die neuen Lichtverhältnisse angepasst werden. Räumen Sie Ihre Kübelpflanzen deshalb an einem wolkenverhangenen Tag aus! Bevor sie endgültig an ihren Sommer-Sonnenplatz auf Balkon und Terrasse gelangen, werden sie zwei bis drei Wochen in den Schatten bzw. Halbschatten gestellt. Dadurch vermeiden Sie Blattschäden durch die ungewohnte UV-Strahlung. Gerade der Neuaustrieb ist noch sehr gefährdet durch Sonnenbrand und Windbruch.

Im Frühjahr gibt's viel zu tun

Das Frühjahr eignet sich auch zum erneuten Rückschnitt vieler Kübelpflanzen. Dabei werden zu üppige Pflanzen ausgelichtet, in Form gebracht, kranke und abgestorbene Äste sowie lange und schwache Austriebe entfernt. Läuse, die gerne weiche Austriebe besiedeln, können Sie dabei gleich mit beseitigen.

Das Frühjahr ist zudem ein guter Zeitpunkt zum Umtopfen. Alte, kranke Wurzeln, die etwas brüchig und rissig sind, entfernt man dabei. Die neue Pflanzerde sichert in den ersten Wochen nach dem Umtopfen eine ausreichende, kontinuierliche Nährstoffversorgung. Mit dem beginnenden Neuaustrieb verlangen die meisten Kübelpflanzen nach größeren Wassergaben, aber bitte mit gesundem Maß. Düngen Sie ab Anfang Mai regelmäßig alle ein bis zwei Wochen mit einem Blumendünger.

Zitrus ist nicht gleich Zitrus. Bei den Überwinterungsgewohnheiten gibt es viele Unterschiede (siehe Seite 94).

Überwinterungstipps für die beliebtesten Arten

Blauer Hibiskus *(Alyogyne huegelii)*

Der australische Halbstrauch gehört zu den schönen Raritäten unter den Kübelpflanzen.

■ **Überwintern:** Schneiden Sie im Herbst vor dem Einräumen nur wenig oder gar nicht zurück. Der Blaue Hibiskus leidet unter Lichtmangel und verliert im Winterquartier die Blätter. Die Pflanzen vertragen auch kurzzeitig Temperaturen unter 5 °C und leichten Frost. Optimal sind Temperaturen um 10 °C. Deutlich trockener halten als in der Vegetationszeit!

Auch im Winter zeigen sich die Blüten des pflegeleichten Bleiwurz *(Plumbago auriculata)*.

■ **Ausräumen:** Erst ab April werden die Triebe stark eingekürzt. Jetzt können Sie auch umtopfen. Verwenden Sie Substrate, die mit Lava, Bims oder Blähtonbruch gemischt werden. In der Folgezeit sollte das australische Malvengewächs immer leicht feucht stehen, nie austrocknen, aber auch nicht im Wasser stehen. Düngen Sie ab April einmal in der Woche mit Blumendünger.

■ **Schädlinge:** Blattläuse am Austrieb.

Bleiwurz *(Plumbago auriculata)*

Himmelblaue oder weiße Blütenwolken bis in den Herbst, dazu vielseitig und robust – das macht den Bleiwurz so attraktiv. Er kann als Kletterpflanze oder Bäumchen gezogen werden.

■ **Überwintern:** Räumen Sie den Bleiwurz noch blühend im späten Herbst in ein helles Überwinterungsquartier. Er hält lange durch, sodass Sie noch bis Weihnachten das Blühwunder genießen können. Er sollte bei Temperaturen um 10 °C überwintern, kann aber bis 0 °C und kurzzeitig sogar leichte Fröste vertragen. Im Winter wirft er bei wenig Licht und tiefen Temperaturen die Blätter ab. Gießen Sie nur, wenn der Wurzelballen auszutrocknen droht.

■ **Ausräumen:** Im Spätwinter erhält der Bleiwurz einen Formschnitt. Die starkwüchsige Pflanze sollte im Frühjahr in spezielles Kübelpflanzensubstrat umgetopft werden.
Geben Sie ihm in der Vegetationszeit einen sonnigen Standort, wöchentlich Dünger und ausreichend Wasser.

■ **Schädlinge:** Blattläuse am jungen Austrieb, selten Rote Spinne.

■ **Sonstiges:** Manchmal finden sich an den Blattunterseiten weiße Ausscheidungen. Dabei handelt es sich nicht um Schädlinge, sondern um überschüssigen Kalk und Salze, die die Pflanze abgibt.

Dattelpalme *(Phoenix canariensis* und *P. roebelenii)*

Die Kanarische Dattelpalme sowie die Zwerg-Dattelpalme sind vor allem von Urlauben auf den Kanarischen Inseln bekannt. Die gefiederten Wedel wirken sehr elegant.

- **Überwintern:** Lassen Sie die Palmen bis in den November hinein draußen. Selbst leichte Fröste überstehen sie, ohne Schaden zu nehmen. Binden Sie vor dem Transport ins Überwinterungsquartier die sparrigen Blätter zusammen, sie bergen Verletzungsgefahr. Temperaturen von 5–10 °C und ein heller Standort behagen ihnen am besten. Sie benötigen bei diesen Temperaturen nur wenig Wasser. Steht die Palme zu warm, dann vergeilen die Triebe.
- **Ausräumen:** Das Frühjahr ist der günstigste Zeitpunkt, um die Pflanzen umzutopfen.
- **Schädlinge:** Befall mit Schildläusen und Spinnmilben.

Drillingsblume *(Bougainvillea*-Arten und -Sorten)

In Sommer schwelgen sie in Farben – aber nur, wenn sie in praller Sonne stehen und viel Wärme abbekommen. Die eigentliche Blüte ist unscheinbar klein. Das Farbenspektakel veranstalten sogenannte Hochblätter.

- **Überwintern:** Sorten von *Bougainvillea glabra* werfen in der dunklen Jahreszeit die Blättter ab und können deshalb relativ lichtarm überwintert werden. Auch hinsichtlich der Temperaturen sind sie nicht anspruchsvoll: Optimal sind 8–10 °C, 5 °C sollten nicht unterschritten werden. Abkömmlinge von *B. spectabilis* oder *B. buttiana* behalten die Blätter und sollten so hell wie möglich bei 10–15 °C stehen. Die laublosen Drillingsblumen sollten im Winterquartier trocken gehalten werden. Nach dem Winter wird wieder mehr gegossen.

Als Notlösung können Bougainvilleen im Winter auch als Zimmerpflanzen gehalten werden. Günstig ist dann der hellste Platz in der Wohnung, sie werden eher trocken gehalten. Die Farbintensität ist dann zwar geringer, aber der Blütezeitpunkt ungewöhnlich!

Zu groß gewordene Bougainvilleen sollten Sie vor dem Umzug ins Winterquartier auf das gewünschte Maß zurückschneiden.

■ **Ausräumen:** Ab Frühjahr bis September mäßig düngen. Die Langtriebe werden erst im Sommer eingekürzt.

■ **Schädlinge:** Blattläuse besonders am Austrieb, Spinnmilben und Weiße Fliege.

Engelstrompete *(Brugmansia*-Arten und -Sorten)

Engelstrompeten berauschen in lauen Sommernächten mit ihrem Duft.

■ **Überwintern:** Lassen Sie die Pflanzen so lange wie möglich in den Herbst hinein im Freien stehen. Durch die langsam sinkenden Temperaturen werden die Pflanzen auf die Winterruhe eingestimmt. Achten Sie beim Einräumen – egal ob in den temperierten Wintergarten oder ins kühle Winterquartier – darauf, dass dort die Temperaturunterschiede im Tagesverlauf nicht zu groß sind.

Engelstrompeten muss man im Herbst oft stark schneiden, dadurch verzögert sich die Blüte.

Vor dem Einräumen können die Engelstrompeten sehr stark zurückgeschnitten werden. Das erleichtert den Transport und verringert den Platzbedarf. Im Winter sind kühle Temperaturen von 4–8 °C optimal. Dann muss kaum noch gegossen werden. Lassen Sie die Engelstrompete aber nicht ganz austrocknen.

Manche Pflanzen verlieren jetzt fast alle ihre Blätter. Die rot-gelb blühende *Brugmansia sanguinea* bildet eine Ausnahme. Sie geht nicht zwangsläufig in Winterruhe und kann in wärmeren Wintergärten bei über 10 °C noch weit in den Winter hinein blühen.

■ **Ausräumen:** Vermeiden Sie gerade zu Anfang die pralle Mittagshitze und zu viel Wind. Erhöhen Sie allmählich die Dünger- und Wasserversorgung.

■ **Schädlinge:** Spinnmilben, Blattläuse, Weiße Fliege, Blattwanzen am Austrieb (führen zu verkrüppelten Blättern mit Löchern, erst spät zu erkennen).

Enzianstrauch *(Lycianthes rantonnetii,* früher: *Solanum)*

Der breit buschig wachsende Strauch lässt sich auch zum Hochstamm erziehen.

■ **Überwintern:** Räumen Sie den Enzianstrauch so spät wie möglich in das Winterquartier. An einem nicht zu dunklen Standort bei 10 °C kommt er gut über den Winter. Kühlere Temperaturen werden ebenfalls noch toleriert. Gießen Sie sehr sparsam.

■ **Ausräumen:** *L. rantonnetii* blüht nur an den Triebenden, deshalb sollten Sie lediglich im ausgehenden Winter, etwa im Februar, einen Schnitt vornehmen. Schneiden Sie danach nicht mehr, denn mit jedem Schnitteingriff reduzieren Sie den Blütenflor im Sommer.
In der Folgezeit benötigt der Enzianstrauch einen sonnigen, warmen Standort, viel Wasser und ausreichend Nährstoffe.
■ **Schädlinge/Krankheiten:** Blattläuse, Weiße Fliege.
■ **Sonstiges:** Damit die Enzianbäumchen schön kugelig aussehen, verwenden Gärtner chemische Wuchshemmstoffe. Diese Möglichkeit haben Hobbygärtner nicht. Sie können nur durch Schnittmaßnahmen den Wuchs eindämmen.

Der **Jasmin-Nachtschatten** (*Solanum jasminoides*) ist wie der Enzianstrauch ein Nachtschattengewächs. Diese Hänge- und Kletterpflanze wird wie der Enzianstrauch überwintert. Nur beim Rückschnitt müssen Sie nicht so streng auf den richtigen Zeitpunkt achten. Der Jasmin-Nachtschatten blüht schneller wieder nach.

Fuchsie (*Fuchsia*-Arten und -Sorten)

Wer Kübelpflanzen überwintern möchte, der erzielt mit Fuchsien meist die besten Erfolge. Einige Arten sind sogar winterhart.
■ **Überwintern:** Schneiden Sie noch vor dem Einräumen der Fuchsie die Triebe um zwei Drittel zurück. Das spart nicht nur Platz im Winterquartier, sondern auch Pflegearbeiten im Winterhalbjahr. Gießen Sie nur dann, wenn der Topfballen ganz trocken ist. Fuchsien wollen zwar hell, können aber auch dunkel überwintert werden. Auf jeden Fall sollten die Temperaturen um die 5 °C liegen, frostfrei muss es allerdings sein. Fuchsien können sogar laublos, in Erdmieten eingeschlagen, überdauern.
■ **Ausräumen:** Achten Sie darauf, dass die Fuchsie ab März wieder mehr Licht und etwas mehr Wärme (optimal 10 °C) bekommt. Blasse Geiltriebe müssen eingekürzt werden.
Fuchsien sind zwar als Schattenpflanzen bekannt, blühen ohne ausreichendes Licht jedoch kaum. Ein sehr lichter Schatten oder ein Platz, der sie nur vor der gleißenden Mittagshitze schützt, sind geeignet. Der Topfballen sollte mäßig feucht sein und nie austrocknen.

Der Enzianstrauch sollte im Winter relativ kühl stehen, damit der Austrieb nicht zu früh beginnt.

■ **Schädlinge/Krankheiten:** Blattläuse, Weiße Fliege, Spinnmilben, Fuchsienrost, Echter Mehltau.

Geranie (z. B. *Pelargonium peltatum*-Hybriden, *P. zonale*-Hybriden)

Geranien sind die Könige der Kübel- und Balkonpflanzen, weil sie trockene, heiße Witterungsphasen im Sommer gut überstehen. Auch beim Überwintern machen sie wenig Probleme.

■ **Überwintern:** Ab Ende September wird nicht mehr gedüngt und weniger gegossen, verschiedene Überwinterungsstrategien sind üblich. Hängegeranien werden wie die stehenden Geranien behandelt. Kommen Geranien in ein Winterquartier, so sollten sie vor dem Einräumen stark zurückgeschnitten werden. Sie können aber auch bis in den Winter hinein blühen, wenn sie einen temperierten Platz in einem Wintergarten bekommen. Geranien wollen einen möglichst hellen Platz bei Temperaturen um 10 °C. Sie überstehen aber auch einen dunklen Standort, wenn es dort kühl ist. Lassen Sie die Geranien eher trocken stehen. Nässe oder gar Staunässe führen zum Absterben.

■ **Ausräumen:** Geranien gehören zu den Starkzehrern. Topfen Sie die Pflanzen deshalb im Frühling in Balkonblumenerde um, die mit Langzeitdünger ausgestattet ist. Im Laufe des Sommers sollten Sie wöchentlich nachdüngen und die Pflanzen nicht austrocknen lassen.

■ **Schädlinge/Krankheiten:** Blattläuse, Thripse, Weiße Fliege, Bakterienerkrankungen, Geranienrost, Grauschimmel.

■ **Sonstiges:** Korkflecken sind kleine Wucherungen an den Unterseiten der Blätter. Sie werden weder durch eine Krankheit, noch durch einen Schädling verursacht. Die Wucherungen entstehen, wenn sehr unregelmäßig gegossen wird, die Luftfeuchte zu hoch ist oder die Temperaturen zu niedrig sind, aber auch wenn zu wenig Licht vorherrscht.

Die Gewürzrinde sollte nicht mit nassem Topf ins Winterquartier. Gut abtrocknen lassen!

Gewürzrinde *(Senna corymbosa,* früher: *Cassia)*

Die leuchtend gelben Blüten der Gewürzrinde erscheinen relativ spät, erst im Juni. Deshalb werden sie beim Kauf der Balkonblumen im Mai oft übersehen und ihr Schmuckwert verkannt.

■ **Überwintern:** Beim Einräumen nur so viel kürzen, wie nötig. Der beste Standort ist ein trockener heller Platz in einem Wintergarten bei

5–10 °C. Auch einen dunkleren Platz nimmt sie nicht übel. Lediglich einen nassen Ballen sollte man vermeiden.

■ **Ausräumen:** Nach der Überwinterung im Frühjahr ist ein Rückschnitt der Triebe um ein Viertel sinnvoll. Die Pflanzen verzweigen eher unwillig. Deshalb sollten Sie mit dem Schneiden älterer Pflanzen zurückhaltend sein. Eine Gabe mit Langzeitdünger im Frühjahr sorgt für die Grundversorgung, später sollte wöchentlich nachgedüngt werden. Jungpflanzen sollten einige Male gestutzt werden, damit sich ein gut verzweigtes Grundgerüst aufbaut.

■ **Schädlinge/Krankheiten:** Weiße Fliege, Blattläuse.

Hibiskus, Chinesischer Roseneibisch *(Hibiscus rosa-sinensis-*Sorten)

Exotik pur verkörpern die Blüten des Hibiskus, und dazu gibt es diese Pflanzen auch noch in einer unerschöpflichen Blütenvielfalt. Obwohl sie auch als »Läuseblume« bekannt ist, tut das ihrer Beliebtheit keinen Abbruch.

■ **Überwintern:** Der Hibiskus kann hell und selbst bei Zimmertemperatur überwintern. So können Sie die letzten Blüten im Haus genießen. Aufgrund von Lichtmangel stellt der Hibiskus mit der Zeit die Blütenbildung ein. Auf zu kühle Überwinterung reagiert er mit Blattfall. Wassergaben können reduziert werden.

■ **Ausräumen:** Gewöhnen Sie den Hibiskus im Frühjahr langsam an die Sonnenstrahlung. Blattverbrennungen sind beim Ausräumen keine Seltenheit. Sonnige Standorte sind erst im Sommer ein Muss. Allerdings sollte die starke Mittagshitze gemieden werden, sonst verblühen die Blüten sehr schnell. Die Ursache für den Abwurf der Blütenknosen im Frühjahr ist meist Ballentrockenheit. Staunässe wird ebenfalls nicht vertragen.

■ **Schädlinge/Krankheiten:** Von Blattläusen sind besonders die Triebspitzen, aber auch die Blüten betroffen. Spinnmilben sind in lufttrockenen Innenräumen keine Seltenheit. Dickmaulrüsslerlarven im Topf fressen an den Wurzeln und können zum Absterben der Pflanze führen.

Kamelie *(Camellia japonica-*Sorten)

Die Kamelie erfreut mit einer unglaublichen Üppigkeit im blütenarmen Spätwinter. Als Kübelpflanze kann sie sehr alt werden.

■ **Überwintern:** Im Winter braucht sie einen hellen und kühlen Platz bei 2–12 °C. Wichtig ist

Wenn Kamelien die Blüte verweigern

Wer hat sich nicht schon zum Kauf einer knospigen Kamelie im Frühjahr hinreißen lassen und war dann enttäuscht, als alle Knospen abgefallen sind? Die Ursache für das Abstoßen der Knospen lässt sich meist schlecht feststellen, denn die Kamelie reagiert auf Pflegefehler oft erst nach mehreren Wochen. Lange Transportwege und lichtarme Standorte in den Läden versetzen Kamelien in Stress, der sich erst viel später bemerkbar macht. Trockene Wurzeln beim Knospenschwellen, zu hohe Temperaturen ab Oktober, hohe Düngergaben und trockene Heizungsluft quittiert die Kamelie ebenfalls mit Knospenfall.

eine ausreichend hohe Luftfeuchtigkeit, 60 % und mehr wäre ideal. Je wärmer die Pflanzen stehen, desto höher sollte die Luftfeuchte sein. Im lufttrockenen Wohnraum sollten Kamelien ab und zu besprüht werden. Gießen Sie nur wenig, aber lassen Sie die Kamelie nie austrocknen und verwenden Sie immer Regenwasser oder kalkfreies Wasser. Düngen Sie im Winter überhaupt nicht. Vermeiden Sie ungedingt Staunässe, diese kann zu Wurzelfäule und zum Absterben der Kamelie führen.

■ **Ausräumen:** Erst wenn die Triebe zu lang sind oder die Pflanzen zu groß werden, wird ein Rückschnitt notwendig. Der richtige Zeitpunkt ist kurz nach der Blüte, also ab März. Zu diesem Termin kann auch umgetopft werden, sofern nötig – das ist meist nur alle drei Jahre. Wählen Sie dafür einen Topf, der nur geringfügig größer ist als der Ballen. Als Erde sollten Sie unbedingt saures und lockeres Substrat verwenden. Im Fachhandel und in Gartencentern erhalten Sie spezielle Kamelien- oder Rhododendronerde. Verwenden Sie in der Vegetationszeit einen sauer wirkenden Azaleen- oder Rhododendrondünger. Die angegebene Konzentration sollte allerdings halbiert werden.

■ **Sonstiges:** Im Sommer tankt die Kamelie Energie und legt im Spätsommer ihre Knospen an. Um viele davon anlegen zu können, benötigt sie ab Juli Nachttemperaturen von über 15 °C. Dann wird nicht mehr gedüngt und so sparsam wie möglich gegossen. Trotzdem sollte die Kamelie nie austrocknen. Wenn Blütenknopsen zu sehen sind, benötigt die Kamelie wieder mehr Wasser. Weiteres Seite 95.

Kamelien nehmen eines besonders übel: ein Winterquartier mit geringer Luftfeuchtigkeit.

Kreppmyrte *(Lagerstroemia indica)*

Im Spätsommer säumen die farbenprächtigen Kreppmyrtenbäume die Straßen rund um das Mittelmeer. Eigentlich kennt man sie hierzulande nur als Kübelpflanze, doch mittlerweile werden auch Sorten angeboten, die als winterhart gelten. Pflanzen Sie diese Sorten aber nur an einen sehr geschützten Standort aus und nachdem die Pflanzen schon einige Jahre im Kübel verbracht haben.

■ **Überwintern:** Die Kreppmyrten benötigen im Kübel bei heller Überwinterung Temperaturen von 10–15 °C. Ist der Winterstandort dunkel, verlieren die Pflanzen ihre Blätter. Das hat allerdings keine schädlichen Auswirkungen, wenn der Raum nicht wärmer als 10 °C ist.

■ **Ausräumen:** Im Februar wird stark zurückgeschnitten. An den neu gebildeten Trieben wird die Kreppmyrte im Sommer blühen. Zu dicht stehende Zweige lichten Sie am besten aus, sonst werden die Triebe zu dünn und blühen nur spärlich. Düngen Sie vom Austrieb bis in den September wöchentlich. Kreppmyrten blühen an warmen, sonnigen Standorten – etwa vor einer wärmenden Mauer – am besten.

■ **Schädlinge/Krankheiten:** Blattläuse am Austrieb, Echter Mehltau im Sommer.

Lorbeerbaum *(Laurus nobilis)*

Der Echte Lorbeer kann in puncto Schönheit mit jeder blühenden Kübelpflanze konkurieren. Aber die immergrüne Pflanze ist nicht nur ein

Erst ab –10 °C müssen Kreppmyrten in ein kühles Winterquartier. Der Wurzelballen sollte nicht austrocknen.

attraktives Dekorationselement. Die Blätter können das ganze Jahr über als Gewürzkraut geerntet werden, sofern kein Pflanzenschutzmittel eingesetzt wurde.

Überwintern: Auch wenn der Lorbeer so robust aussieht, verträgt er doch nur geringen Frost bis etwa –5 °C. Da er immergrün ist, benötigt er unbedingt einen hellen frostfreien Winterstandort. Die Temperaturen können allerdings bis an die Null-Grad-Grenze fallen. Er kommt mit wenig Wasser aus.

Ausräumen: Erst im Spätwinter wird zurückgeschnitten, vermehrt gegossen und auch wieder gedüngt. Der Lorbeer ist recht robust und nimmt Überwinterungsfehler nicht krumm. Dünger benötigt er nicht viel. Eine Gabe mit Langzeitdünger im Frühjahr reicht oft aus. Die Pflanze verträgt keine Staunässe, aber auch zu große Trockenheit schadet ihr.

Schädlinge/Krankheiten: Schild- und Wollläuse, Lorbeer-Blattfloh (eingerollte Blätter).

Falscher Jasmin *(Mandevilla*-Arten, früher z. T. *Dipladenia)*

In den letzten Jahren kamen immer schönere Arten und Sorten der Mandeville in den Handel. Sie blühen im Sommer unermüdlich und eignen sich im Kübel als Kletter- wie auch als hängende Ampelpflanzen.

■ **Überwintern:** Ab September nicht mehr düngen. Die immergrünen Sorten der *M. sanderi* sollten hell und am besten bei 15 °C überwintert werden, kurzfristig ertragen sie auch niedrigere Temperaturen. Beim Einräumen können die Triebe bis auf vier Blätter zurückgeschnitten werden, um Platz zu sparen. Falscher Jasmin reagiert auf »kalte Füße« mit Blattfall. Achten Sie deshalb darauf, dass Boden oder Fensterbank nicht zu kühl sind. Gießen Sie im Winter ein- bis zweimal im Monat durchdringend. Lassen Sie dann die Töpfe wieder abtrocknen.

■ **Ausräumen:** Geben Sie im Frühjahr Langzeitdünger. Mandeville benötigt volle Sonne, um ausdauernd zu blühen. Lange Triebe, die stören, können Sie immer wieder zurückschneiden. Ballentrockenheit fördert den Spinnmilbenbefall.

■ **Schädlinge/Krankheiten:** Blattläuse im Austrieb, Hauptschädling: Spinnmilben.

Oleander *(Nerium oleander)*

Oleander gehört, obwohl er giftig ist, nach wie vor zu den Superstars der Kübelpflanzen. Er lässt sich problemlos überwintern, sodass alte Exemplare gar nicht so selten sind.

Bitte die Blütenstände des Oleander vor dem Winter nicht entfernen! Daraus entwickelt sich der erste Flor.

■ **Überwintern:** Oleander wird erst eingeräumt, wenn Temperaturen unter –5 °C anstehen. Ein heller Standort bei 5–10 °C, aber auch ein dunkler Standort bei 0–5 °C sind als Winterquartier möglich. Verblühte Blütenstände vor dem Einräumen keinesfalls entfernen, daraus entwickelt sich im Frühjahr der nächste Flor.

■ **Ausräumen:** Bei dunkler Überwinterung sollten die Pflanzen schon ab Ende Februar heller gestellt werden. Beim Ausräumen ins Freie sind die Oleander frostempfindlich. Ab dann benötigt er auch wieder größere Rationen an kalkhaltigem Wasser, das auch mal im Untersetzer stehen kann. Düngen nicht vergessen! Bei dieser äußerst nährstoffbedürftigen Kübelpflanze dürfen die Düngergaben sogar doppelt so hoch sein, wie auf Blumendüngern angegeben.

■ **Schädlinge/Krankheiten**: Spinnmilben, Blattläuse, Schildläuse, Oleander-Krebs.

Orangenblume *(Choisya ternata)*

Orangenblumen beeindrucken mit einem unwiderstehlichen Duft nach Orangen und mit einer langen Blütezeit, die schon im Spätwinter beginnt. Sie gedeihen in der Sonne wie im Halbschatten.

■ **Überwintern:** Orangenblumen sind immergrün und benötigen deshalb einen hellen Überwinterungsplatz. Sie vertragen sogar Fröste bis –5 °C problemlos. Sie können deshalb auch in einem ungeheizten hellen Schuppen oder Anbau den Winter überstehen. Je nach Überwinterungstemperatur variiert ihr Blühzeitpunkt von Spätwinter bis in den Sommer. Gießen Sie vorsichtig! Die Pflanzen benötigen gleichmäßige

Feuchte im Topfballen, leiden aber andererseits schnell unter Wurzelfäule, wenn zu viel gegossen wurde.

■ **Ausräumen:** In jedem Fall sollte die pralle Mittagshitze gemieden werden. Wasser- und Nährstoffgaben werden langsam gesteigert – im Sommer benötigen die Pflanzen relativ viel Wasser, der Nährstoffbedarf ist relativ hoch. Kalk vertragen sie nicht, deshalb mit Regenwasser gießen. Verwenden Sie beim Umtopfen Rhododendronerde. Orangenblumen müssen kaum geschnitten werden, da sie sich gut verzweigen. Allerdings sollte man ab und zu mehrjährige Triebe kurz über der Erdoberfläche einkürzen.

■ **Schädlinge/Krankheiten:** Blattläuse im Winter, Spinnmilben, Wurzelfäule durch Staunässe.

Paradiesvogelblume *(Strelitzia reginae)*

Die afrikanische Exotin blüht als Kübelpflanze im Frühjahr. Auch nach der Blüte ist sie mit ihren bananenartigen Blättern eine Augenweide.

■ **Überwintern:** Bei einer warmen Überwinterung blühen die Strelitzien schon im Winter. Sie vertragen aber auch einen kühleren Standort um 10 °C. Kurzzeitig werden sogar Temperaturen bis 0 °C vertragen. Gießen Sie nur spärlich.

■ **Ausräumen:** Düngen Sie von April bis Oktober 14-täglich mit einem flüssigen Volldünger. Je sonniger und wärmer der Standort, desto mehr Blüten werden angesetzt. Die Strelitzie besitzt fleischige Wurzeln, die bei nassen Topfballen schnell zu faulen beginnen. Am besten sollten sie in sehr durchlässige mineralische Substrate getopft werden. Ältere Blätter sterben ab. Sie sollten abgedreht und herausgezogen werden, damit kein Blätterstumpf stehen bleibt.

■ **Schädlinge/Krankheiten:** Achten Sie auf Schildläuse, Schmierläuse und Spinnmilben. *Septoria*-Pilze.

Prinzessinnenstrauch *(Tibouchina urvilleana)*

Die samtigen violettblauen Blüten erscheinen erst im Juni. Der Strauch wirkt edel, ist aber leicht zu pflegen.

■ **Überwintern:** *Tibouchina* benötigt unbedingt einen hellen Überwinterungsplatz bei 5–15 °C. Der Topfballen wird eher trocken gehalten.

Oft dauert es einige Jahre, bis die Strelitzie Blüten entwickelt. Aber das Warten lohnt sich!

■ **Ausräumen**: Stutzen Sie junge Pflanzen nach Wachstumsbeginn immer wieder, damit sie besser verzweigen. Bei älteren Pflanzen sollte man das nicht mehr machen.

■ **Schädlinge**: Blattläuse, Weiße Fliege und Rote Spinne.

Schmucklilie *(Agapanthus*-Hybriden)

Die Schmucklilien gibt es mit blauen oder weißen Blüten. Einige Exemplare sind ausgepflanzt mit Winterschutz winterhart.

■ **Überwintern:** Die Schmucklilie kann lange im Freien bleiben. Sie übersteht Temperaturen bis –5 °C. Wird es kälter, muss sie schnellstmöglich eingeräumt werden. Entfernt werden lediglich beschädigte Blätter und verblühte Blüten. Die Pflanze kann hell, aber auch dunkel überwintert werden. Im Dunkeln vergilben alle Blätter und sterben ab, doch das schadet nicht. Die Temperaturen sollten am hellen wie am dunklen Standort um 5 °C liegen. Gießen brauchen Sie so gut wie nicht. Diese Trocken- und Kühlphase ist wichtig, sie löst den Blütenreiz aus. Dauernässe führt zur Wurzelfäule, dann ist die Pflanze verloren.

Verkahlt der Prinzessinnenstrauch über den Winter, ist ein kräftiger Rückschnitt empfehlenswert.

■ **Ausräumen**: Wird im Frühjahr umgetopft, geht die Energie nicht in die Blüten-, sondern in die Wurzelbildung. Topfen Sie deshalb besser nach der Blüte um, dann kann die Pflanze noch bis zum Einwintern Wurzeln bilden. Die Schmucklilie muss nur selten in einen nur wenig größeren Topf umgetopft werden. Sie bevorzugt das Korsett eines engen Topfes. Im Frühjahr wird deshalb nur ausgeputzt und ein phosphatbetonter Langzeitdünger gegeben. Nach kurzer Gewöhnungszeit an die Sonne im Freien kann es der Schmucklilie nicht warm und sonnig genug sein.

■ **Schädlinge:** Kaum, selten Blattläuse.

Schönmalve *(Abutilon*-Arten und -Sorten)

Die Schönmalve blüht unermüdlich und ist deshalb sehr beliebt.

■ **Überwintern:** Beim Einräumen sollten die Triebe um zwei Drittel eingekürzt werden. Temperaturen von 10 °C und geringe Wassergaben sind optimale Überwinterungsbedingungen.

■ **Ausräumen:** Im Spätwinter sollte die Pflanze in ein durchlässiges, mit Bims, Kies oder Lava gemischtes Substrat getopft werden. Damit die

Blütenbildung nicht unterbrochen wird, sollte wöchentlich von März bis September mit einem handelsüblichen Flüssigdünger gedüngt werden. Schönmalven leiden schnell unter Staunässe.

- **Schädlinge:** Hauptschädling: Weiße Fliege, seltener Blattläuse.

Wandelröschen (*Lantana camara*-Hybriden)

Das Farbenspiel der aufgehenden und verblühenden Blüten ist einzigartig.

- **Überwintern:** Entfernen Sie beim Einräumen nur Blüten und Verblühtes. Zuerst können Sie etwas kühler, also bei 5–10 °C stehen. Ab Spätwinter brauchen sie höhere Temperaturen bei 12–15 °C. Die Wurzeln der Wandelröschen sind nässeempfindlich. Verwenden Sie Substrate mit großen Porenvolumen oder die mit Bims, Lava oder Blähtonbruch gemischt sind.
- **Ausräumen:** Zurückgeschnitten wird das Wandelröschen am besten im Frühjahr. Je sonniger, desto üppiger blühen die Wandelröschen. Sie wollen einerseits nicht austrocknen, andererseits leiden die Wurzeln, wenn sie im Wasser stehen. Der Nährstoffbedarf ist durchschnittlich.

Schädlinge/Krankheiten: Weiße Fliege, Blattläuse.

Zylinderputzer (*Callistemon citrinus*)

Der Zylinder- oder Lampenputzerstrauch kommt aus Australien.

- **Überwintern:** Nach der Blüte zurückschneiden. Der robuste Zylinderputzer benötigt unbedingt einen sehr hellen Platz zum Überwintern. Temperaturen um die 10 °C sind ideal. Es werden aber kurzzeitig auch Temperaturen um die Null-Grad-Genze vertragen. Die Wurzeln sind sehr nässeempfindlich, deshalb nur sehr wenig gießen und eher trocken halten, aber nicht austrocknen lassen.
- **Ausräumen:** Bei Bedarf umtopfen. Das Substrat sollte einen pH-Wert von 5–6 haben und mit mineralischen Bestandteilen wie Bims, Kies, Lava oder Blähtonbruch gemischt werden. Steigern Sie allmählich die Wasser- und Düngergaben. Verwenden Sie am besten Regenwasser zum Gießen. Der Zylinderputzer darf nie austrocknen. Bei einem mageren Pflegeregime wird der Australier kompakt bleiben.
- **Schädlinge/Krankheiten:** Wurzelschäden, Rote Spinne, Schildläuse.

Erst im Frühjahr ist beim Wandelröschen ein Rückschnitt angebracht. Es blüht dann fast das ganze Jahr über.

Voll im Trend: winterharte Exoten

Tropische Pflanzen bei uns heimisch machen – das ist seit Jahrhunderten der Traum vieler Gartenliebhaber. Aber wer hätte gedacht, dass es möglich wäre, Palmen, Bananen und Zitrusgewächse bei uns auszupflanzen? Dank immer robusterer Züchtungen gibt es mittlerweile viele Gartenbesitzer, die dies einfach versuchen, manchmal mithilfe von Wurzelheizung und verwegen aussehenden Schutzvorrichtungen. Vielleicht haben Sie Mut zum Risiko und wollen auch mal einen Versuch starten?

Die Yucca gehört zu den Palmliliengewächsen. Bei guter Dränage ist sie sehr frosthart.

Palmen

Wer frostfeste Palmen im Freien überwintern will, sollte langfristig planen. Kaufen Sie am besten Palmen, die in unseren Breiten gezogen wurden. Sie sind wesentlich robuster als Palmen aus südlichen Ländern. Pflanzen Sie diese von März bis Mitte Juli aus, auf keinen Fall im Herbst. Wählen Sie den Standort sorgfältig: Palmen wollen einen sonnigen, geschützten Platz. Heben Sie ein Pflanzloch aus, das 30 bis 40 % größer ist als der Wurzelballen. Geben Sie eine 10 bis 20 cm Schicht aus Lavagestein, Schotter oder Blähton als Dränage ins Pflanzloch. Als Pflanzsubstrat verwenden Sie normale Erde, die zu 30 % mit dem Dränagematerial gemischt wird. In durchlässiger Erde kommen die Palmen auf jeden Fall besser über den Winter! Der Wurzelballen sollte etwa 5 cm tiefer als das Niveau des Erdreichs liegen.

Gießen Sie im Sommer reichlich. Ab September sollten Sie nicht mehr wässern. Im Herbst häufeln Sie die Palmen mit Rindenmulch oder Erde an. Das Zusammenbinden im Winter mindert die Schneelast. Dadurch kann es aber vermehrt zu Pilzbefall kommen. Erfasst er das Palmenherz, kann das für die Pflanze tödlich sein. Wickeln Sie die Palmen mit luftdurchlässigen Materialien ein, wie Jute, Bambus- und Schilfmatten. Wer sichergehen möchte, umwickelt den Palmenstamm mit einer Palmenheizung oder einer Lichterkette, deren Lämpchen etwas Wärme abgeben. Ein isolierender Mantel aus Winterschutzvlies schützt zusätzlich.

Die wichtigsten winterharten Palmen

Art	Hinweis	frosttolerant	Winterhärte-zone
Blaue Zwergpalme *(Chamaerops humilis* 'Cerifera'*)*	Winterschutz	bis −15 °C	Zone 8b
Chinesische Hanfpalme *(Trachycarpus fortunei)*	Vegetationspunkt im Winter vor Nässe schützen	Bis −17 °C	Zone 8b
Honigpalme *(Jubaea chilensis)*	im Sommer viel Wasser, ab Herbst trockener	bis −17 °C	Zone 8b
Nadelpalme *(Rhapidophyllum hystix)*	winterhärteste Art	bis −20 °C	Zone 8a bis 7b
Wagners Hanfpalme *(Trachyparpus wagnerianus)*	Winterschutz, kleiner als *T. fortunei*	bis −17 °C	Zone 8b
Zwergpalmetto *(Sabal minor)*	Langsam wachsend, im Sommer warm und feucht	bis −20 °C	Zone 8a bis 7b

Winterharte Kamelien

Immer wieder gab es Versuche, Kamelien im Freiland zu pflanzen – erfolgreich waren nur wenige. Große Hoffnungen ruhen jetzt auf amerikanischen Züchtungen mit dem Namen 'Ice Angels' – Nomen ist hier hoffentlich omen. Sie sind seit einiger Zeit in Deutschland erhältlich. Ganz früh dran ist 'Winter's Joy', ihre hellrosa, gefüllten Blüten erscheinen bereits im November. Winter's Snowman' zeigt im Dezember seine schneeweißen Blüten, 'Spring's Promise' blüht ab Januar.

Wenn auch Sie den Versuch wagen wollen: Probieren Sie es erst mal mit einem preisgünstigen kleineren Exemplar. Pflanzen Sie die Pflanzen im Frühjahr in viel sauren Humusboden an einem schattigen Standort ein, dann können sich die Kamelien etablieren. Ein Winterschutz aus Rindenmulch und Kunststoffvlies oder einem mit Laub gefüllten Hasendraht sind Pflicht. An sonnigen Standorten sollten Sie sie schattieren, nicht nur wegen der Frosttrocknis, sondern auch wegen möglichen Rindenrissen.

Bananen

Die meisten Bananenpflanzen leiden bereits bei Temperaturen unter 2 °C. Doch es gibt auch Bananen, die an günstigen Standorten und mit besonderem Winterschutz bei uns draußen bleiben können: die Japanische Faserbanane *(Musa basjoo)* und die Darjeeling-Banane *(Musa sikkimensis)*. Diese Arten ertragen im Winter bis zu −18 °C (Zone 8b, siehe Seite 11). Wie die Palmen werden sie im Frühjahr gepflanzt. Haben Sie diesen Zeitpunkt verpasst, dann lassen Sie die Bananenstauden im Topf und überwintern sie frostfrei. Bananen sind Flachwurzler und breiten sich mit den Jahren aus. Suchen Sie im Frühjahr einen sonnigen, warmen Platz in Einzelstellung. Der Boden sollte humusreich und durchlässig sein. Wässern Sie im Sommer immer ausreichend.

Winterschutz für winterharte Bananen

- Schneiden Sie die Bananenstauden nach dem ersten Frost 20 cm über dem Boden ab.
- Um Pilzinfektionen vorzubeugen, sollten Sie die Schnittflächen mit Holzasche bestäuben.
- Füllen Sie zwischen die Stümpfe ganz viel Laub oder Stroh, sodass diese nicht mehr zu sehen sind. Decken Sie das Laub mit einer Folie und dann mit Hasendraht ab, damit es nicht davonweht. Darüber legen Sie am besten noch eine Lage Jutegewebe oder Fichtenreisig. Auch die Seiten sollten gut abgeschirmt sein.
- Entfernen Sie den Winterschutz erst ab Mai wieder.

Zitruspflanzen *(Citrus)*

Zitruspflanzen sind lichthungrig. Je heller der Standort sommers wie winters ist, desto besser. Die meisten Pflanzen wie Zitrone *(C. limon)*, Mandarine *(C. reticulata, C. deliciosa, C. tangerina)* und Zitronatzitrone vertragen Überwinterungstemperaturen von 5 °C, sie müssen auch erst bei –5 °C ins Winterquartier gebracht werden. Wärmer mögen es dagegen Limette *(Citrus aurantifolia)*, Orange *(Citrus sinensis)*, Zimmerzitrus *(Citrusfortunella mitis)*, Chinotto *(Citrus myrtifolia)* und Kumquat *(Fortunella margarita)*. Sie wollen schon vor dem ersten Frost ins Haus, ein Winterstandort unter 10 bis 15 (18) °C kann bei ihnen Blattfall auslösen. Je kälter der Standort, desto weniger sollten Sie gießen. Blattfall im Winter ist meist auf zu dunkle Überwinterung oder zu viel Nässe zurückzuführen. Alle Zitruspflanzen vertragen langfristig kein kalkhaltiges Wasser, denn dadurch wird die Aufnahme von Spurenelementen erschwert. Eine zu hohe Phosphatdüngung hat dieselbe Wirkung. Düngen Sie Zitrus im Winter nur, wenn die Blätter hellgrün bis gelb sind. Verwenden Sie speziellen Zitrusdünger oder stickstoffbetonten Blumendünger.
Zitrus blühen meist im ausgehenden Winter. Um die Blütenbildung anzuregen, können Sie die Pflanzen für mindestens eine Woche sehr trocken stehen lassen und dann wieder langsam mit dem Gießen beginnen.

Bitterorange *(Poncirus trifoliata)*

Unter den Zitrusgewächsen gibt es eine Gattung, die sogar in geschützten Lagen Nordeuropas wachsen kann. Sie kommt aus China und ist an kontinentales Klima gewöhnt. Sie erträgt bis zu –25 °C, sollte aber an einen geschützten, warmen Platz gepflanzt werden. Sie schätzt einen nährstoffreichen, wasserdurchlässigen und nicht zu kalkhaltigen Boden. Die Früchte der Bitterorange sind kaum genießbar. Sie besitzt zudem eine so starke Bedornung, dass sie als undurchdringbare Hecke dienen kann.

Kaki *(Diospyros kaki)*

Die härteren Sorten der Kaki aus Asien können mittlerweile in wintermilden Regionen ausgepflanzt werden (Winterhärtezone 6/7) und wachsen hier sogar zu kleineren Bäumen heran. Junge Kakipflanzen sollten ihre ersten Jahre in einem Winterquartier verbringen, dort sind ihre Ansprüche an Licht und Temperatur (ideal sind 0–10 °C) minimal. Erst nach 3 bis 4 Jahren können Sie ältere Kaki im zeitigen Frühjahr an einem sonnigen, geschützten Platz mit durchlässigem Boden auspflanzen. Für eine dicke Laubschicht im Herbst ist sie dankbar. Packen Sie zusätzlich die Veredelungsstelle dick ein. Bei heller Überwinterung können die Früchte ausreifen, ist es zu dunkel, fallen die Früchte ab. Im Winterquartier sollten die Temperaturen bis auf den Gefrierpunkt fallen: Nur dann bilden sich Blütenansätze fürs neue Jahr.

Feige *(Ficus carica)*

Die echte Feige macht selbst Anfängern Freude: Sie trägt Früchte, besitzt schöne Blätter und ist einfach zu überwintern. Im Kübel kann sie draußen bleiben, bis die Temperaturen unter –5 °C fallen (Winterhärtezone 8a), neuere Sorten wie die Bayernfeige 'Violetta' sollen besonders frosthart sein. Feigen verlieren im Herbst die Blätter, deshalb kommen sie auch mit einem dunklen Winterstandort zurecht. Rechtzeitig im Frühjahr erhalten sie dann ein helles Zwischenquartier. Die laublosen Pflanzen benötigen sehr wenig und selten Wasser. Erst beim Austrieb kann wieder regelmäßiger gegossen werden, dann beginnt auch die Düngephase, die bis August dauert.

Frostharte Feigen sollten erst einige Jahre im Kübel und im Haus überwintert werden. Dann ist ihr Holz frosthärter. Nach 3 bis 4 Jahren im

Mit einer Wurzelheizung können mediterrane Pflanzen sogar im Garten überwintern …

… besonders wenn die Triebe durch eine lichtdurchlässige Thermofolie geschützt sind.

Topf können Sie die Feigen im Frühjahr auspflanzen. Sie schätzt einen von Nord- und Ostwinden geschützten Platz sowie durchlässige humose Gartenerde.

Olive *(Olea europaea)*

Oliven fruchten als Kübelpflanzen nur, wenn eine zweite Pflanze vorhanden ist, die die Blüten bestäuben kann. Mittlerweile werden selbstfruchtende Sorten angeboten. Aber auch diese fruchten zuverlässiger, wenn ein fremder Partner da ist.

Die Blüten werden nach einer kühlen Überwinterung gebildet. Je älter der Olivenbaum, desto kühler kann die Überwinterung sein. Temperaturen zwischen 0 und 5 °C sind optimal. Das Olivenholz ist zwar relativ frosthart, aber die Wurzeln sind sehr frostempfindlich. Ausgepflanzt haben Oliven nördlich der Alpen bisher wenig Überlebenschancen (Winterhärtezone 8). Abhilfe könnte eine Wurzelheizung bringen, die gerade von verschiedenen Firmen auf den Markt kommt.

Gießen Sie im Winter äußerst vorsichtig. Oliven reagieren sehr empfindlich auf Staunässe. Der Ballen sollte nur leicht feucht sein. Stehen die Oliven in einem sehr luftdurchlässigen, mineralischen Substrat, wird ein Gießfehler leichter verkraftet, weil das Wasser besser abfließen kann. Da die Olivenblätter 2 bis 3 Jahre alt werden und im Winter nicht abfallen, benötigen die Oliven einen hellen Überwinterungsplatz.

Passionsblume *(Passiflora*-Arten)

Die meisten Arten der Passionsblume benötigen ganzjährig warmes Klima. *Passiflora caerulea* und *Passiflora incarnata* gelten als relativ frosthart und können in klimatisch günstigen Regionen sogar ausgepflanzt werden (Winterhärtezone 7). Generell sollte die Passionsblume aber im Kübel hell und bei Temperaturen zwischen 5 und 10 °C überwintert werden. Schneiden Sie die stark wachsenden Pflanzen im Herbst vor dem Einräumen kräftig zurück.

Granatapfel *(Punica granatum)*

Der Granatapfel hält nicht ganz so viel Kälte aus wie *Citrus* (Winterhärtezone 8). Da *Punica* blattlos in den Winter geht, kann der Überwinterungsplatz dunkel sein, Temperaturen zwischen 5 und 10 °C sind erwünscht. Zeigt sich der erste Austrieb, benötigen die Pflanzen viel Licht. Damit die Triebe im Herbst ausreifen, sollten Sie ab Juli nicht mehr düngen und ab September sparsamer gießen. Dies fördert die Blüte im nächsten Jahr. Schneiden Sie die Punica nur sporadisch zurück, da sich an den gebüschelten Triebspitzen die Anlagen der Blüten befinden. Alte Triebe können Sie, wenn nötig, aus dem Kroneninneren entfernen.

Eingetopfte Gewürzkräuter

Nutzgarten? Nein danke! Das sagen viele Gärtner, die ihren begrenzten Raum im Freien viel lieber mit schmückenden Blüten und Blättern bestückt sehen. Dieses kategorische Nein gilt aber fast nie für Topfkräutergärten, die nicht nur dekorativ aussehen, sondern auch gut duften und ständig aromatisches Grün für die Küche liefern. Wie aber bringt man die Pflanzen am besten über den Winter?

Einjährige

Viele Basilikumarten, das Sommer-Bohnenkraut *(Satureja hortensis)*, Borretsch *(Borago officinalis)*, Dill *(Anethum graveolens)*, Kerbel *(Anthriscus cerefolium)*, Koriander *(Coriandrum sativum)* und Majoran *(Origanum majorana)* wachsen einjährig. Sie werden jedes Jahr neu ausgesät. Um ihre Überwinterung müssen Sie sich also keine Gedanken machen. All diese Gewürze können Sie vor dem Winter abernten. Sie halten sich gefroren monatelang und schmecken so würzig wie frisch geerntet. Basilikum gedeiht im Winter auch wunderbar auf der Fensterbank – und belebt die Küche mit frischem Grün. Sie müssen ihm nur einen hellen Platz geben!

Zweijährige

Kümmel *(Carum carvi)*, Petersilie *(Petroselinum crispum)* und Schnittsellerie *(Apium graveolens)* wachsen zweijährig. Sie überstehen den ersten Winter nach ihrer Aussaat. Es reicht, wenn Sie die Töpfe mit etwas Folie vor dem Durchfrieren bewahren, sie auf eine Styroporunterlage stellen oder sie in einer Erdmiete geschützt aufstellen. Ein guter Standort ist auch eine geschützte Hauswand. Gerade Petersilie können Sie noch weit in den Winter hinein ernten. Im Frühjahr beginnt die Petersilie zu blühen und bildet danach Samen. Dann ist es aber mit ihr vorbei. Säen Sie jeden Sommer an einer anderen Stelle im Garten oder in Töpfen.

Unter einem »Tannen-Tipi« überstand dieser eingesenkte Thymian so manchen harten Winter.

Mehrjährige

Berg-Bohnenkraut *(Satureja montana)*, Currykraut *(Helichrysum angustifolium)*, Französischer Estragon *(Artemisia dracunculus* var. *sativa)*, Liebstöckel, Schnittlauch, Liebstöckel *(Levisticum officinale)*, Oregano *(Origanum vulgare)*, viele Salbeiarten *(Salvia)*, Schnittlauch *(Allium schoenoprasum)*, viele Thymianarten *(Thymus spec.)* sowie Ysop *(Hyssopus officinalis)* sind bedingt winterfest und überstehen wie die Zweijährigen mit etwas Schutz die kalte Jahreszeit. Als Faustregel gilt: Je bunter (panaschierter) die Blätter sind, desto frostempfindlicher die Pflanzen. Verteilen Sie vorsorglich trockenes Laub bis über den Wurzelhals um die Töpfe und fixieren Sie die Isolationsschicht mit etwas Reisig oder Hasendraht. Nachdem die meisten Kräuter kalkliebend sind, eignen sich Tannenzweige besonders gut: Sie nadeln sehr viel weniger als Fichte, und deshalb gelangt keine saure Streu in den Boden. Gut geeignet als Frostschutz ist auch ein Pflanzenvlies, das am Boden fixiert wird.
Wenn Sie über den Winter ein freies Frühbeet oder eine andere unbepflanzte Fläche haben, dann können Sie die Kräutertöpfe bis zum Gefäßrand in der Erde versenken (siehe Bild). Eine Abdeckung aus Reisig ist auch hier hilfreich.

Schnittlauch kann, in Töpfe gepflanzt, auch den Winter über im Frühbeet stehen, wenn er mit Laub bedeckt wird.

Schnittlauch im Winter

Über Winter lässt sich Schnittlauch sehr gut auf der Fensterbank antreiben. Dazu sticht man den Schnittlauch im Garten ab und topft ihn ein. Damit er das Signal »Frühjahr« erhält, muss er durchfrieren.
Dazu setzt man den Topf am besten über Nacht dem Frost aus. Mit einem Schwall warmem Wasser wecken Sie ihn auf. An einem warmen Platz fängt er anschließend an zu treiben und kann nach Bedarf geerntet werden.
Sie können den Schnittlauch aber schon im Herbst in Töpfe setzen und mitsamt der Töpfe wieder eingraben. Bedecken Sie sie mit einer dicken Schicht Laub. So können Sie auch in besonders frostigen Wintern Ihre Schnittlauchtöpfe beernten.

Vergessen Sie das Gießen nicht ganz. Probehalber können Sie auch den Wurzelballen aus dem Topf nehmen. Fällt die Erde ab, so ist der Ballen definitiv zu trocken.

Erst im Frühjahr zurückschneiden.

Salbei, Thymian, Ysop oder Bohnenkraut verholzen mit den Jahren, das heißt, sie entwickeln einen Stamm. Diese Kräuter brauchen ihr diesjähriges Laub als Winterschutz. Schneiden Sie sie erst im nächsten Frühjahr zurück – und zwar nur im grünen Bereich! Auch einige Basilikumsorten verholzen. Je älter sie werden, desto weniger vertragen sie »nasse Füße«. Düngen Sie Basilikum auch alle 2 Wochen im Winter, dann können sie immer wieder ernten.

Überwintern im Haus

Zitronengras, Zitronenverbene, Basilikum und Duftpelargonien sollten Sie bei Frostgefahr ins Haus holen. Sie überstehen in einem hellen Raum bei 15–20 °C den Winter. Halten Sie die Pflanzen immer leicht feucht. Vertrocknen die Blätter, so sollten Sie eine Schale mit Wasser neben die Töpfe stellen.
Rosmarin *(Rosmarinus officinalis)* und Lorbeer *(Laurus nobilis)* benötigen ein kühles Winterquartier. Mehr als 10 °C warm sollte es nicht sein. Der Lorbeer kommt mit deutlich weniger Licht aus als der Rosmarin. Allerdings sollten Sie gerade bei ihm auf Schildlausbefall achten (Seite 79). Trocken, aber nicht zu trocken sollten beide stehen, da ist Fingerspitzengefühl gefragt!
Holen Sie die Pflanzen nicht zu früh herein! Ein paar Minusgrade halten sie schon aus. Und der Frost tötet Schädlinge ab und verhindert, dass sie ins Winterquartier eingeschleppt werden. Außerdem werden auf diese Weise die Abwehrkräfte der Pflanzen gestärkt, und sie stellen ihren Stoffwechsel auf den Winter ein. Bei Frühfrösten im September oder Oktober reicht es, wenn Sie die Pflanzen nur für wenige Nächte ins Haus holen oder geschützt aufstellen.

Bei einem kurzfristigen Wintereinbruch können Sie den Schnittlauch einfach mit einem Glas abdecken – das verlängert die Erntezeit.

Pflanzgefäße und Geräte im Winter

Pflanztröge werden aus den unterschiedlichsten Materialien angeboten. Am besten wählen Sie diese passend zum Stil Ihres Gartens oder Ihrer Terrasse aus. Vor- und Nachteile eines bestimmten Werkstoffes sollten Sie natürlich in die Überlegungen einbeziehen.

Wer Holz bevorzugt, sollte auf Gefäße aus Eiche, Robinie oder tropischen Hölzern setzen. Diese Holzarten sind am witterungsbeständigsten. Kunststoffgefäße sind preiswert sowie witterungsbeständig und deshalb sehr beliebt. Vorsicht ist im Sommer nur bei schwarz gefärbten Kübeln geboten. Darin heizt sich das Substrat sehr stark auf, die Pflanzen sind durch Hitze gefährdet. Zementtröge sind sehr robust, nur Gewicht und Bruchempfindlichkeit machen manchen Gartenbesitzern zu schaffen. Metall ist in Form von Kübeln aus Stahl, Gusseisen, Aluminium oder Blei im Handel. Da Metall sehr gut Kälte und Wärme leitet, sollten die Gefäße innen mit Styropor isoliert sein.

Nur hochwertige Terracotta ist winterfest. Im Zweifelsfall sollten Sie liebgewordene Accessoires frostfrei lagern.

Töpfe aus Keramik

Traditionell spielen Keramikkübel in der Gartengestaltung eine wichtige Rolle. Ob Terracotta, Steinzeug oder Steingut – alle Töpfe reagieren mehr oder weniger empfindlich auf Frost und Winternässe. Und nichts ist ärgerlicher als ein schöner Topf, der nach dem Winter geplatzt ist oder von dem Stücke abbröseln.

- Kontrollieren Sie die Gefäße schon beim Kauf auf Schwindungsrisse. Sie treten vor allem am Gefäßboden auf. Meist sieht man sie schlecht, kann sie aber mit dem Finger erfühlen. Feine Haarrisse sind noch schwieriger zu erkennen. Hier schlägt man den Topf mit einem Stück Holz oder dem Finger an und horcht auf einen klaren Ton.
- Achten Sie auch auf weiße Ausblühungen auf den Gefäßen. Sie weisen oft auf Lufteinschlüsse hin, wodurch häufig als Erstes die Ornamente abplatzen. An solchen Stellen setzt bevorzugt das Moos oder der Kalk an, was letztlich zur Zerstörung führt.
- Bauchige Gefäße sind mehr gefährdet als solche, die sich nach oben verbreitern, denn bei

letzteren kann der Eisdruck besser nach oben abgeleitet werden. Bedenken Sie auch, dass sich Pflanzen aus bauchigen Gefäßen schlecht herausnehmen und umtopfen lassen.

Frostbeständig – ja oder nein?

Frostsprengungen treten vor allem auf, wenn das Substrat vernässt ist. Dann gefriert das Wasser im Topf, gewinnt damit an Volumen und bringt die nicht dehnbare Gefäßwand zum Platzen. Sie sollten auch dafür sorgen, dass in leeren Gefäßen nie das Wasser steht.

Für die Frostbeständigkeit von Pflanzkübeln gibt es kein spezielles Prüfverfahren. Einige Hersteller haben ihre Produkte nach Normen aus dem Bereich der Baukeramik testen lassen. Gefäße, die hier bestanden haben, können als frostbeständig bezeichnet werden. Grundsätzlich gilt: Je weicher und poröser ein Material ist, desto leichter kann es Wasser aufnehmen.

Als frostbeständig gelten Terracotta-Gefäße aus der Region Impruneta in der Toskana. Aufgrund des dichten, nur dort vorkommenden Materials nehmen diese nur sehr wenig Wasser auf und sind auch in Mitteleuropa frostfest. Ein Wässern vor der Bepflanzung wie bei anderen Keramiktöpfen ist nicht notwendig. Weniger bekannt, aber edel und frostbeständig ist Whichford-Terracotta aus England. Die Hersteller geben meist eine Garantie von zehn Jahren auf die Gefäße – diese Qualität hat natürlich ihren Preis! Vielleicht sollte man sich da die Kaufmannsweisheit »Wir müssen sparen, deshalb können wir uns nichts billiges leisten!« zu Herzen nehmen.

Umsichtig bepflanzen

Gewisse Grundregeln sollten Sie – unabhängig vom Topfmaterial – bei der Bepflanzung stets beachten, besonders auch im Hinblick auf die kalte Jahreszeit.

- Fast alle Kübelpflanzen hassen Staunässe. Deshalb sollten Sie sicherstellen, dass sich im Pflanzgefäß nicht unbemerkt ein Wasservorrat am Grund des Topfes sammelt, der zu Staunässe und damit zu Wurzelnässe führt. Bohren Sie bei Bedarf ein oder mehrere Löcher gleichmäßig verteilt in den Boden. Damit sich diese nicht zusetzen, sollten Sie mit einer Tonscherbe abgedeckt werden.
- Um überschüssiges Wasser abzuleiten, ist auch eine Dränageschicht notwendig. Sie sollte etwa ein Fünftel der Gesamthöhe des Pflanzgefäßes betragen. Zu diesem Zweck füllen Sie durchlässige mineralische Materialien – wie Kies, Splitt oder Blähton – vor der Pflanzung in den Kübel.
- Damit beim Gießen nicht Feinmaterial in die Dränageschicht eingespült wird, ist ein Kunst-

Kein Wasser darf den Winter über im Topfinneren stehen, denn die Gefäße frieren leicht auf.

faser- oder Mulchvlies als Filter sinnvoll. So wird verhindert, dass die Dränagewirkung verringert oder gar ganz aufgehoben wird. Am besten Sie schneiden das Vlies zunächst so zu, dass die Enden über den Rand des Gefäßes nach außen umgelegt werden können. Nachdem Sie das Substrat eingefüllt haben, schneiden Sie es knapp unter dem Rand ab.

- Gerade im Winter sollten Sie die Pflanzgefäße auf kleine Füßchen stellen, damit das Wasser abfließen kann. Holzlatten erfüllen diesen Zweck ebenso wie Löwenfüße aus Terracotta, die die Perfektionisten unter den Kübelpflanzengärtnern bevorzugen.
- Im Winter friert der Boden von oben langsam zu. So erfasst der Frost meist nur einen Teil des Wurzelballens einer Pflanze. Bei Kübelpflanzen greift dagegen die Kälte von allen Seiten an, sodass der gesamte Ballen schon in kürzester Zeit durchgefroren ist. Gerade bei immergrünen Laub- und Nadelgehölzen ist diese Entwicklung gefährlich, denn die Pflanzen können das verdunstete Wasser nicht aus dem gefrorenen Boden ersetzen. Um dem Durchfrieren vorzubeugen, sollten Sie den Topf im Herbst mit Styroporplatten, Luftpolsterfolie o. Ä. isolieren.

Haben Wurzeln das Pflanzgefäß gesprengt, hat man den richtigen Zeitpunkt zum Umtopfen verpasst. Das neue Gefäß sollte etwas größer sein.

Gepflegt in den Winter

Gerade bei Terrakotta-Gefäßen kommt es immer wieder vor, dass sich weißgraue oder moosgrüne Flecken zeigen. Manche Gartenliebhaber lieben diese Patina, die durch das Verdunsten von Mineralien auf dem Kübel entsteht. Andere bevorzugen makellose Töpfe, die ganz einfach zu erreichen sind:

- Stellen Sie das betroffene Gefäß zwei Tage in ein Wasserbad. Bürsten Sie es danach ab – es sieht wieder wie neu aus. Eine Mischung aus 100 ml Essigessenz auf 3 Liter Wasser beschleunigt den Prozess. Die Säure löst die Mineralschicht in kurzer Zeit auf.
- Um weiteren Ausblühungen vorzubeugen, kann man Gefäße aus Terrakotta mit einem Spezialmittel wie ProLapit imprägnieren. Das Mittel beeinträchtigt nicht die Atmung des Behälters, wirkt aber schmutz- und wasserabweisend. Patina- und Moosbildung wird so entgegengewirkt und die ursprüngliche Farbe bleibt dauerhaft erhalten.

Gartengeräte einwintern

Nachdem die letzten Überwinterungsarbeiten erledigt sind, können auch alle Gartengeräte ins Winterquartier ziehen. Günstig ist ein vor der Witterung geschützter Raum, wo die Geräte sauber verstaut werden.

Spaten, Schere und Co.

- **Gartenscheren** sollten Sie mit einem trockenen Tuch abreiben. Harzreste lassen sich mit Waschbenzin entfernen. Stumpf gewordene Klingen werden geschliffen. Geben Sie danach etwas Öl auf die Schneideflächen.
- **Spaten, Schaufeln** oder **Metallrechen** reinigt man mit Tuch und Gartenschlauch. Hartnäckiger Schmutz wird mit der Drahtbürste entfernt, Rost mit etwas Stahlwolle. Nach dem Trockenreiben hängen Sie die Geräte mit dem Kopf nach oben auf. Dadurch kann Wasser aus dem Geräteansatz herauslaufen. Ölen Sie die Metallteile leicht ein, um Rost zu verhindern.
- **Gartengeräte mit Holzstiel** bewahrt man am besten im Gartenhaus auf. In einem trockenen Keller würde das Holz zu sehr an Feuchtigkeit und damit an Flexibilität verlieren. Ist der Stiel beschädigt, wird er ausgetauscht. Wer seine Oberfläche mit Leinöl einreibt, verhindert das Austrocknen des Materials.

Wasser, halt!

Vor dem ersten Frost sollten Sie das Wasser für den Außenbereich abstellen, die Wasserleitungen entleeren und alle Wasserhähne im Garten öffnen. Vergessen Sie auch nicht, den Gartenschlauch vollkommen zu leeren – gefriert das Wasser darin, kann der Schlauch platzen. Teichpumpen frostfrei lagern (siehe Seite 67).

Rasenmäher einwintern

Egal ob Sie auf Benzin-, Elektro- oder Handbetrieb setzen: Nach dem letzten Rasenschnitt muss das Gerät gründlich gereinigt werden und dann abgedeckt in einem staubfreien, trockenen Raum aufbewahrt werden. Rasenmäher mit Starterbatterie oder Akkus sollte man unbedingt frostfrei unterstellen.

- Leeren Sie den Benzintank, der Resttreibstoff verliert über den Winter die Zündfähigkeit.
- Am Gehäuse klebende Grasreste sollten Sie mit einem Holzspatel entfernen. Einer Dreckkruste können Sie mit Bürste und Wasser zuleibe rücken. Vorsicht mit der Elektronik! Nichts darf auf Lager, Dichtungen und Motorteile geraten. Möchten Sie die Unterseite eines benzinbetriebenen Mähers reinigen, sollten Sie den Mäher nach hinten kippen, sodass die Zündkerze nach oben ragt – sonst könnte Öl in Luftfilter oder Auspuff geraten.
- Damit die Geräteteile aus Metall nicht rosten, ölen Sie diese ein und schmieren alle beweglichen Teile. Überprüfen Sie Luftfilter und Zündkerze, bei Bedarf auswechseln.
- Nehmen Sie, falls nötig, einen Ölwechsel vor.
- Abgenutzte Mähmesser sollten Sie jetzt schleifen oder austauschen lassen.

Auch Gartengeräte sollten in die »Winterruhe« geschickt werden – und zwar gut gesäubert und gewartet.

Adressen, die Ihnen weiterhelfen

Bezugsquellen

Frostfeste Terracotta aus Impruneta
Arte Toskana
Eglinger Str. 18
82544 Moosham
Tel. 08176/428
www.arte-toskana.de

Frostfeste Terracotta aus England
Whichford Pottery
Shipston-on-Stour
Warwichshire
www.whichfordpottery.com

Laubschutznetze für Teiche
NaturaGart Deutschland
Riesenbecker Str. 63
49479 Ibbenbüren
Tel. 0545/59340
www.naturagart.de

Mobile Gewächshäuser
Greensafe
Grubmühlerfeldstr. 14
82131 Gauting
Tel. 089/89356430
www.florino-online.de

Pflanzenschutz
W. Neudorff GmbH KG
An der Mühle 3
31860 Emmerthal
www.neudorff.de

Weißmittel für Baumrinde
Arbo-flex
z.B. über Fluegel GmbH
Westerhöfer Str. 45
37520 Osterode am Harz
Tel. 05522/31910
www.fluegel-gmbh.de

Winterschutz für Tiere
Schwegler Vogel- und Naturschutz-
produkte GmbH
Heinkelstraße 35
73614 Schorndorf
Tel. 07181/977 4515
www.schwegler-natur.de

Winterschutz für Pflanzen
Fa. Videx Meyer-Lüters
Postfach 14 28
27204 Bassum
Tel. 04241/92210
www.videx.de

Wühlmaus-Stop
Peter Überall
Umgehungsstr. 77
71144 Steinenbronn
Tel. 07157/4229
www.wuehlmaus-stop.de

Wurzelheizung und Palmenüberwinterung
Hassler Blitzschutz + Elektro GmbH
Am Märzengraben 12
79112 Freiburg-Tiengen
Tel. 07664/1020
www.palmenheizung.de

Beratungsstellen

Bayerische Landesanstalt für Weinbau und Gartenbau
An der Steige 15
97209 Veitshöchheim
Tel. 01 80/4 98 01 14
www.lwg.bayern.de

Bund deutscher Baumschulen e. V.
Bismarckstr. 49
25421 Pinneberg
www.bund-deutscher-baumschulen.de

Bund deutscher Staudengärtner im Zentralverband Gartenbau e. V. (ZVG)
Godesberger Allee 142–148
53175 Bonn
Tel. 02 28/8 10 02 55
www.stauden.de

Bundesfachsektion Baumschulen und Staudengärtner im Bundesverband der Österreichischen Gärtner
Schauflergasse 6
1014 Wien
Tel. 00 34/41 85 59
www.baumschulinfo.at

Deutsche Rasengesellschaft e. V.
Godesberger Allee 142–148
53175 Bonn
Tel. 02 28/8 10 02 35
www.rasengesellschaft.de

Gartenakademie Rheinland-Pfalz
Breitenweg 71
67435 Neustadt
Tel. 0 63 21/671-262
Tel. 01 80/5 05 32 02
www.gartenakademie.rlp.de

Pflanzenschutzberatung
W. Neudorff GmbH KG
An der Mühle 3
31860 Emmerthal
Tel. 01 80/5 63 83 67
www.neudorff.de

Tiere im Winter
Bund für Umwelt und Naturschutz Deutschland e. V. (BUND) – Friends of the Earth Germany
Am Köllnischen Park 1
10179 Berlin
Tel. 0 30/2 75 86 40
www.bund.net

Vögel im Winter
Landesbund für Vogelschutz in Bayern
Eisvogelweg 1
91161 Hilpoltstein
Tel. 0 91 74/4 77 50
www.lbv.de

Verband schweizerischer Baumschulen
JardinSuisse
Forchstr. 287
8008 Zürich
Tel. 00 44/3 88 53 00
www.jardinsuisse.ch

Weiterführende Literatur

Alberternst, B.; Nawrath, S.:
InfoPage Beifuß-Ambrosie in Deutschland.
Friedberg 2005
www.ambrosiainfo.de

Arte Toscana: Frostbeständigkeit von Terracotta. www.arte-toscana.de, Moosham 2009

Bayerische Gartenakademie (Hrsg.): Erfolgreiche Wühlmausbekämpfung. Veitshöchheim 2007

Bayerische Gartenakademie (Hrsg.): Der Garten im Herbst: Pflege der Stauden und Gehölze. Veitshöchheim 2007

Bayerische Gartenakademie (Hrsg.): Kübelpflanzen. Veitshöchheim 2007

Bayerische Gartenakademie (Hrsg.): Zitruspflanzen – Pflegetipps für Sonnenkinder. Veitshöchheim 2007

Deutsche Rasengesellschaft: Kalidüngung verbessert Winterhärte der Rasengräser. Bonn 2006

Deutsche Rasengesellschaft:
Der Rasen sollte auf den Winter vorbereitet werden. Bonn 2009

Knebel, C.: Zwiebelblumen: bunt – robust – vielseitig. Ulmer Verlag, Stuttgart 2006

Hagen, P.; Haberer, M.: Teich kompakt: Bauen – pflanzen – pflegen. Ulmer Verlag, Stuttgart 2010

Kawollek, W.: Kübelpflanzen. Südländische Gehölze für die Kultur in Töpfen und Kübeln. Ulmer Verlag, Stuttgart 1995

Körber, K.: Gedanken zur Gehölzverwendung im Klimawandel. In: Veitshöchheimer Berichte, 31. Januar 2008

Landesbund für Vogelschutz:
Gartenvögeln helfen: Fütterung von Vögeln. Presseinfo, Hilpoltstein 2009

Ollig, W.: Salzschäden an Gehölzen. Gartenakademie Rheinland-Pfalz, Neustadt a.d. Weinstraße 2007

Rausch, H.: Allein beständig ist der Klimawandel. In: 40. Veitshöchheimer Gartentage, Band I, Heft 115, Veitshöchheim 2008

Renner, U.: Weißer Stammanstrich für den Obstbaum. Infodienst Weihenstephan Juni 2008.

Roloff, A., Bärtels, A.: Flora der Gehölze. Ulmer Verlag, Stuttgart 2006

Sansoni-Köchel, M.: Kübelpflanzen: Das Handbuch der schönsten Arten für Balkon, Terrasse und Wintergarten. BLV Buchverlag, München 2009

Stähler, Mario: Winterharte Palmen. Medemia Verlag, Berlin 2008

Stichwortverzeichnis

Seitenverweise mit * verweisen auf Abbildungen.